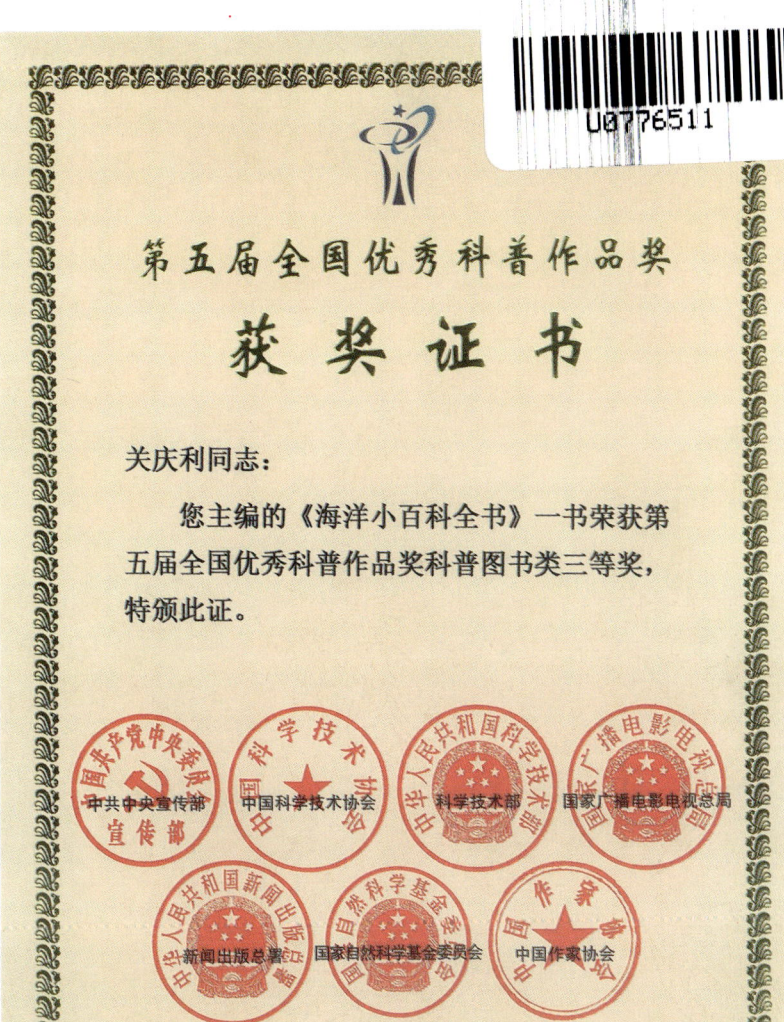

《海洋小百科全书》于 2002 年 5 月出版,2003 年 9 月被中国共产党中央委员会宣传部、中国科学技术协会、中华人民共和国科学技术部、国家广播电影电视总局、中华人民共和国新闻出版总署、国家自然科学基金委员会、中国作家协会联合授予"第五届全国优秀科普作品奖科普图书类三等奖"。本书于 2007 年 10 月修订再版,现再次修订,由中山大学出版社出版。

《海洋小百科全书》荣获"第五届全国优秀科普作品奖"

海洋 小百科 全书

主　编　关庆利
副主编　丁玉柱　彭　垣

海军兵器

苏士亮　编著

中山大学出版社
·广州·

版权所有　翻印必究

图书在版编目(CIP)数据

海军兵器/苏士亮编著.—广州:中山大学出版社,2012.1

(海洋小百科全书/关庆利主编)

ISBN 978-7-306-03557-8

Ⅰ.①海… Ⅱ.①苏… Ⅲ.①海军-武器-普及读物 Ⅳ.①E925-49

中国版本图书馆 CIP 数据核字(2009)第 221880 号

出 版 人:	徐　劲
策划编辑:	蔡浩然
责任编辑:	蔡浩然
装帧设计:	杨桂荣　贾　萌
责任校对:	王　睿
责任技编:	何雅涛
出版发行:	中山大学出版社
电　　话:	编辑部 020-84111996,84113349
	发行部 020-84111998,84111981,84111160
地　　址:	广州市新港西路135号
邮　　编:	510275　**传　真**: 020-84036565
网　　址:	http://www.zsup.com.cn　E-mail:zdcbs@mail.sysu.edu.cn
印 刷 者:	佛山市浩文彩色印刷有限公司
规　　格:	880mm×1230mm　1/32　9.75印张　208千字　4插页
版次印次:	2012年1月第1版
	2014年4月第4次印刷
定　　价:	19.40元

如发现本书因印装质量影响阅读,请与出版社发行部联系调换

海 军 兵 器 海洋小百科全书

中国的新型导弹驱逐舰 ◀

中国海军水面舰艇发射反舰导弹 ▼

中国预警飞机2000 ▲

中国海军护卫舰 ▲

美国海军宙斯盾级驱逐舰 ▲

美国俄亥俄级潜艇 ▲

美国F-18大黄蜂战斗机 ◀

美国AV-8B垂直起降攻击机 ▶

法国海军编队 ▲

海军兵器

英国无敌级航母

拉法耶特级导弹护卫舰舰载机

俄潜艇在装载潜射弹道导弹

美舰的导弹发射

序言

　　海洋是人类的母亲,也是人类千万年来取之不尽、用之不竭的巨大资源宝库。在人类赖以生存的蓝色星球——地球上,蔚蓝色的海洋占有约71%的总面积。

　　雄踞在这颗蓝色星球的东方、浩瀚无垠的太平洋西岸上的中华人民共和国,不仅拥有960万平方千米的陆地国土,而且还拥有300万平方千米的海洋国土,有着1.8万千米绵延曲折的海岸线。在这浩瀚的蓝色国土上,珍珠般地镶嵌着大大小小6500多个美丽而富饶的岛屿。

　　勤劳勇敢的中华民族,在古代就凭着自己卓越的智慧和创造力,伐木成舟,劈波斩浪,牵星观月,远渡重洋,以举世瞩目的海洋文明跻身于世界航海强国的民族之林。

　　21世纪是海洋的世纪,21世纪的主人翁就是今天的青少年朋友。他们不仅是我国的未来和希望,而且必定是21世纪振兴经济和提升海洋科技的主力军。海洋将是青少年朋友报效祖国、振兴中华民族大显身手的辉煌舞台。只有帮助青少年及早地以科学的眼光认识世界的发展,科学地把握未来,早日加入到海洋开发建设的队伍中来,才能更好地发展我国的海洋经济,捍卫我国的海洋权益。未来是海洋的时代,只有让广大的青少年了解海洋、接近海洋、认识海洋,才能把握海洋、开发海洋、利用海洋和捍卫海洋权益,为祖国的海洋开发建设作贡献,为中华民族的子孙后代造福。为了提高中华民族的海洋文化素质,再铸中华民族海洋文明的辉煌,使我国成为21世纪的海洋强国,有识之士必须从现在做起,从青少年抓起,全面培养我国青少年的海洋意识,普及海洋科学知识,提高海洋科技技能,增强蓝色国土观念和捍卫海洋权益的责任感、使命感。从这个意义上说,在人类进入21世纪的伟大时代,在全球开始创造海洋经济的伟大时刻,在世界日益关注海洋权益的今天,出版这套经过缜密修订的全面、系统、科学地介绍海洋知识的《海洋小百科全书》,无疑是奉献给我国青少年朋友的一份珍贵礼物,是激发青少年的海洋兴趣、增长海洋知识、普及海洋文化、宣传海洋文明、提高海洋素质、促进海洋教育所做的一件功在当代、利在千秋的非常具有实践成就和指导意义的工作。

绚丽多姿的海洋召唤着青少年朋友们去探索和揭秘,无穷无尽的海洋宝藏等待着有志于海洋事业的青少年朋友们去开发和利用。这套图文并茂、深入浅出的《海洋小百科全书》,必将以丰富的知识性、深刻的思想性和高雅的趣味性,成为青少年朋友在蓝色海洋里成长、成才的良师益友。

祝愿青少年朋友读完这套书后能够早日成为大海的骄子,为把祖国建设成伟大的海洋经济强国和海洋科技强国贡献自己宝贵的青春和智慧。

国家海洋局局长:
2010年4月6日

目 录

一、凶悍的汪洋猛鲨

1. 战列舰的名称起源于何时？ (2)
2. 战列舰是什么时候闪亮登场的？ (2)
3. 战列舰有什么独特优势？ (3)
4. 战列巡洋舰有什么特点？ (4)
5. 什么是风帆战列舰？ (5)
6. 为什么英国人为"胜利"号而感到自豪？ (6)
7. 蒸汽战列舰怎样取代了风帆战列舰？ (7)
8. 战列舰有什么样的装甲"外衣"？ (8)
9. 战列舰上怎样防雷？ (8)
10. 战列舰的主炮有多厉害？ (9)
11. 战列舰的副炮有什么用途？ (10)
12. 为什么会发生巨舰大炮竞赛？ (10)
13. 战列舰装备技术有什么突破？ (11)
14. 最大的战列舰上的"火力"有多强？ (12)
15. 战列舰为什么会衰落？ (13)
16. 第二次世界大战中战列舰损伤有多少？ (13)
17. 第二次世界大战后战列舰为何几度沉浮？ (14)
18. 战列舰最后一次炮击作用有多大？ (15)
19. "衣阿华"级战列舰改装了什么新武器？ (15)
20. 美国"密苏里"号战列舰有什么特殊的荣耀？ (16)
21. 战列舰可能复活吗？ (18)

22. 飞机最早是怎样在军舰上起降的？……………………(18)
23. 世界上最早的航空母舰出现于何时？…………………(19)
24. 美国第一艘航空母舰产生于什么时候？………………(20)
25. 初次参加海战的航空母舰为什么成了"丑小鸭"？……(21)
26. 为什么说航空母舰是海战的"全能选手"？……………(21)
27. 你知道航空母舰的种类吗？……………………………(22)
28. 航空母舰甲板为什么那样奇特？………………………(23)
29. 航空母舰有多高大？……………………………………(24)
30. 飞机在航空母舰上怎样停放？…………………………(24)
31. 航空母舰上的飞机如何起降？…………………………(25)
32. 怎样保障舰载飞机安全降落？…………………………(26)
33. 弹射器有什么作用？……………………………………(27)
34. 阻拦装置起什么作用？…………………………………(28)
35. 哪种航空母舰造得最多？………………………………(28)
36. 第二次世界大战中航空母舰发挥了什么作用？………(29)
37. 世界上最先被击沉的航空母舰是哪一艘？……………(30)
38. 哪次海战是第一次航空母舰交锋？……………………(30)
39. 你知道航空母舰上配备了哪些飞机吗？………………(31)
40. 轻型航空母舰在第二次世界大战中为什么发展很快？……………………………………………………(32)
41. 哪艘航空母舰是战争中的"幸运儿"？…………………(33)
42. 哪艘航空母舰最短命？…………………………………(33)
43. 美、日在"二战"中各损失多少艘航空母舰？…………(34)
44. 最早具有核攻击能力的航空母舰何时诞生？…………(35)
45. 第一艘核动力航空母舰为什么叫"企业"号？…………(35)
46. 舰艇上的核反应堆会泄漏吗？…………………………(36)
47. 航空母舰有哪些"贴身保镖"？…………………………(37)
48. 为什么称航空母舰是海军武器装备最高水平的缩影？………………………………………………………(38)

49. 世界上最大的航空母舰是哪几艘？ (38)
50. 为什么美国会成为"超级航母大国"？ (40)
51. 美国的新一代航母CVN-21比现"尼米兹"级有哪些提高？ (41)
52. "基辅"级航空母舰有什么主要性能？ (42)
53. "无敌"号航空母舰能否无敌？ (42)
54. 法国的航空母舰为什么能后来居上？ (43)
55. 印度有什么样的航空母舰？ (44)
56. 现今世界上最小的航空母舰是哪一艘？ (44)
57. 航空母舰的高技术武器攻击力有多强？ (45)
58. 水下航空母舰将"驶"向哪里？ (46)
59. 最早的铁甲巡洋舰是怎么诞生的？ (47)
60. 巡洋舰在海战中列在什么阵位？ (48)
61. 巡洋舰分几种类型？ (48)
62. 香港是在哪艘军舰上签字被割让的？ (49)
63. 甲午海战对巡洋舰产生了什么影响？ (50)

64. 第一次世界大战后问世的巡洋舰有什么显著特点？ (51)
65. 现代巡洋舰担负什么作战任务？ (51)
66. 巡洋舰怎样朝多功能化方向发展？ (52)
67. 第一艘核动力巡洋舰是哪个国家制造的？ (53)
68. "当代最先进的巡洋舰"有什么装备？ (54)
69. 当今世界上威力最强的巡洋舰是哪一艘？ (54)
70. 哪一艘舰打响了"十月革命"的第一炮？ (55)
71. 日舰"出云"号在中国犯下了什么罪行？ (56)
72. 光荣起义的"重庆"号是什么军舰？ (57)
73. 巡洋舰会不会走下坡路？ (58)
74. 驱逐舰如何应运而生？ (59)
75. 驱逐舰是怎样走向完善的？ (60)
76. 中国第一批驱逐舰是怎样出世的？ (60)

77. 驱逐舰发展受制于哪些因素? ……………………(61)
78. 驱逐舰为何被称为"多面手"? ……………………(62)
79. 第一次世界大战中驱逐舰怎样大出风头? ………(63)
80. 驱逐舰能否单独进行作战? ………………………(64)
81. 驱逐舰为何被驱逐? ………………………………(65)
82. 第二次世界大战中建造的驱逐舰有哪些改进和提高? ………………………………………………(65)
83. 现代驱逐舰在海战中扮演什么角色? ……………(66)
84. 现代驱逐舰分几种类型? …………………………(67)
85. 为什么"现代"级导弹驱逐舰被称为"航母克星"? …(68)
86. 驱逐舰与驱逐领舰有什么区别? …………………(69)
87. 现代驱逐舰有哪些主要特点? ……………………(69)
88. 现代驱逐舰有哪些舰炮? …………………………(70)
89. 现代驱逐舰将如何演变? …………………………(71)
90. 人民海军什么时候有了驱逐舰? …………………(72)
91. 我国是什么时候开始建造导弹驱逐舰的? ………(72)
92. 最早的护卫舰是哪国建造的? ……………………(74)
93. 护卫舰在对付德国"狼群"时是怎样大显身手的? …(75)
94. 护卫舰的任务是什么? ……………………………(75)
95. 护卫舰的特点是什么? ……………………………(75)
96. 护卫舰是怎么进行分类的? ………………………(76)
97. 护卫艇有什么特殊用途? …………………………(77)
98. "永丰"舰为什么会被命名为"中山"舰? …………(78)
99. "中山舰"是如何为国殉难的? ……………………(79)
100. "紫石英"号带伤逃走意味着什么? ………………(80)
101. 我军的第一艘舰艇叫什么名字? …………………(81)
102. 为什么说护卫舰艇是人民海军的功臣? …………(82)
103. 人民海军最早的"海战刀尖"是怎样锻造出来的? …(83)
104. 世界上哪一种护卫舰最大? ………………………(85)

105. 护卫舰发展有什么新动向? ……………………(86)
106. 哪次海战中参战舰艇最多? ……………………(86)
107. 美国海军什么时候拥有的舰船和飞机最多? ……(87)

二、奇妙的掠波剑鱼

108. 扫雷舰艇有哪些特点? ……………………(89)
109. 扫雷舰艇是如何分类的? ……………………(90)
110. 扫雷舰艇是怎样诞生的? ……………………(91)
111. 什么是扫雷具? ……………………………(92)
112. 最早的扫雷具是什么样的? …………………(92)
113. 切割扫雷具怎样扫雷? ………………………(93)
114. 电磁扫雷具怎样进行扫雷? …………………(93)
115. 音响可以用来扫雷吗? ………………………(94)
116. 为什么把破雷舰称为"海上敢死队"? ………(94)
117. 直升机如何进行扫雷? ………………………(95)
118. 遥控扫雷艇是怎样工作的? …………………(95)
119. 什么是"特洛依卡"反水雷系统? …………(96)
120. 猎雷战术是怎么出现的? ……………………(96)
121. 猎雷舰猎雷有什么"高招"? ………………(97)
122. 最大的猎雷舰是哪个国家制造的? …………(98)
123. 反水雷母舰发展前途如何? …………………(99)
124. 气垫艇扫雷有什么特点? ……………………(99)
125. 你了解布雷舰的家庭成员吗? ………………(100)
126. 鱼雷艇为什么被称为"海上轻骑"? ………(101)
127. 水翼鱼雷艇高速航行的秘密是什么? ………(102)
128. 鱼雷艇的主要任务是什么? …………………(103)

129. 鱼雷艇怎样分类? …………………………………… (103)
130. 鱼雷艇攻击敌舰为什么要占领有利阵位? …… (104)
131. 鱼雷艇发射鱼雷为什么要进行扇面射击? …… (104)
132. 现代鱼雷艇为什么战斗作用减少了? ………… (105)
133. 军用快艇的发展方向如何? …………………… (105)
134. 水面舰艇有哪些反潜武器? …………………… (106)
135. 反潜航空兵主要使用哪些武器? ……………… (107)
136. 深水炸弹有哪些构造? ………………………… (107)
137. 深水炸弹的主要性能是什么? ………………… (108)
138. 深水炸弹引信有哪些种类? …………………… (109)
139. 深水炸弹是怎么发射出去的? ………………… (109)
140. 美国的反潜导弹具有什么样的性能? ………… (110)
141. 俄罗斯有什么样的反潜导弹? ………………… (110)
142. 第二代反潜导弹有什么特点? ………………… (111)
143. "海上猎手"是怎么出现的? …………………… (111)
144. 第二次世界大战中德国的"狼群"是怎样被捕
    杀的? …………………………………………… (112)
145. 各国海军为何要建立专门的反潜兵力? ……… (113)
146. 现代猎潜舰艇有什么新的发展? ……………… (113)
147. 水翼猎潜艇有什么优点? ……………………… (114)
148. 护卫舰艇与猎潜舰艇有什么共同之处? ……… (114)
149. 为什么说远程测潜舰是反潜兵器的"新高招"? … (115)
150. 激光探潜仪为何被称为"水下火眼金睛"? …… (115)
151. 哪个国家最早生产登陆舰艇? ………………… (116)
152. 参加登陆作战有哪些海军兵力? ……………… (117)
153. 步兵登陆舰艇的主要用途是什么? …………… (118)
154. 坦克登陆舰的主要优势是什么? ……………… (118)
155. 坞式登陆舰什么时候诞生的? ………………… (119)
156. 两栖战军舰有什么特点? ……………………… (120)

157. 两栖攻击舰有什么特色? ……………………………… (121)
158. 通用两栖攻击舰的长处在哪里? ……………………… (121)
159. 世界上最大的两栖作战军舰是哪一艘? ……………… (122)
160. 海军还有哪些登陆工具? ……………………………… (122)
161. 谁是海战中的"无名英雄"? …………………………… (123)
162. 什么叫"海上预置舰"? ………………………………… (124)
163. 为什么要有训练舰? …………………………………… (125)
164. 被称作"海上侦察兵"的是什么舰船? ………………… (126)
165. 你知道舰炮有多少种吗? ……………………………… (127)
166. 舰炮由哪几部分组成? ………………………………… (128)
167. 舰炮的历史有多长? …………………………………… (128)
168. 舰炮在作战中有什么优点? …………………………… (129)
169. 舰炮在实施海上封锁中有什么独特作用? …………… (130)
170. 舰炮在对岸射击方面有什么威力? …………………… (130)
171. 舰炮在反导弹作战中为什么能拦截"漏网之鱼"? … (131)
172. 什么是舰炮的火控系统? ……………………………… (132)
173. 现代舰炮发展有什么特点? …………………………… (132)
174. 第二次世界大战后中口径舰炮为何异军突起? ……… (133)
175. 中口径舰炮有什么技术特点? ………………………… (133)
176. 我国舰炮的研制经历了怎样的过程? ………………… (134)
177. 射击指挥仪的主要用途是什么? ……………………… (135)
178. 炮弹有哪些种类? ……………………………………… (135)
179. 炮弹由几部分构成? …………………………………… (136)
180. 舰炮的发展怎样才能"柳暗花明又一村"? ………… (137)
181. 你听说过"守门员"远程武器系统吗? ……………… (137)
182. "AK-630M型舰炮"有哪些优良性能? ……………… (138)
183. 世界上130毫米口径的舰炮中哪一种射速最高? …… (139)
184. 军舰上为什么要有水密门和水密隔舱? ……………… (139)
185. 军舰是怎样成为一个整体的? ………………………… (140)

186. 军舰的"心脏"是什么? ……………………………… (140)
187. 燃汽轮机为什么受青睐? …………………………… (141)
188. 核动力装置为什么力大无比? ……………………… (141)
189. 为什么要采取联合动力装置? ……………………… (142)
190. 军舰的"耳目"是什么? ……………………………… (142)
191. 军舰上为什么要装敌我识别器? …………………… (143)
192. 你知道声呐的发明和"泰坦尼克"号沉没的关系吗? ………………………………………………… (143)
193. 声呐站的主要作用是什么? ………………………… (144)
194. 为什么把雷达称作"海上千里眼"? ………………… (145)
195. 舰艇上的雷达有哪些用途? ………………………… (146)
196. 超视距雷达有什么神奇功能? ……………………… (147)
197. 你知道什么是相控阵雷达吗? ……………………… (147)
198. 世界上最早的导弹艇是哪一种? …………………… (148)
199. 导弹快艇怎样进行分类? …………………………… (148)
200. 导弹快艇上装有什么导弹? ………………………… (149)
201. 导弹快艇上的导弹怎样制导? ……………………… (149)
202. 导弹快艇优缺点在哪里? …………………………… (150)
203. "海中蛟龙、陆上猛虎"用的是什么兵器? ………… (150)
204. "两栖雄狮"装备了哪些坦克和战车? ……………… (152)
205. 为什么把海岸炮称作"海岸战神"? ………………… (153)
206. 海岸炮与普通火炮有什么区别? …………………… (153)
207. 为什么把海岸导弹称作"海防神剑"? ……………… (154)

三、神秘的龙宫巨鲸

208. 潜艇与海洋动物有什么联系? ……………………… (157)

209. 谁是"潜艇之父"? ……………………………(157)
210. 什么是"海龟"艇? ……………………………(158)
211. 最早的人力潜艇是哪国制造的? ……………(158)
212. 最早的风帆潜艇是什么样的? ………………(159)
213. 最早的机械动力潜艇何年诞生? ……………(160)
214. 最早的鱼雷潜艇是怎么出现的? ……………(160)
215. 潜艇有哪些特点? ……………………………(161)
216. 潜艇为什么能神兵出海? ……………………(162)
217. 潜艇是怎样迅速下潜的? ……………………(163)
218. 潜艇有什么样的"眼睛"? …………………(163)
219. 潜艇的"耳朵"是什么? ……………………(164)
220. 潜艇在水下怎样知道自己的艇位? …………(164)
221. 潜艇在水下怎样"隐身"? …………………(165)
222. 在第二次世界大战中潜艇如何大开杀戒? …(166)
223. 为什么"小鲨"能咬死大"金刚"? ………(166)
224. 第二次世界大战中潜艇有什么新发展? ……(167)
225. 什么是德国海军的"狼群"? ………………(168)
226. 英国为何特别害怕德国的"袖珍潜艇"? …(169)
227. 世界上最小的潜艇是哪一艘? ………………(169)
228. 世界上什么潜艇最大? ………………………(170)
229. 第二次世界大战后哪个国家建造的潜艇最多? ……(170)
230. 美国发展常规潜艇采取什么方针? …………(171)
231. 最早的遥控潜艇是什么样的? ………………(171)
232. 怎样给"水下蛟龙"送信? …………………(171)
233. 是谁设计了世界上第一艘核潜艇? …………(172)
234. 核潜艇有什么特点? …………………………(174)
235. 最早的弹道导弹核潜艇是哪一艘? …………(174)
236. 美国"长尾鲨"号核潜艇是怎么遇难的? …(175)
237. "共青团"号核潜艇是怎么遇难的? ………(176)

238. 你知道谁最早使用核潜艇作战吗? …………… (176)
239. 中国最早的潜艇是怎样造出来的? …………… (177)
240. 中国人民海军是什么时候有潜艇部队的? …… (177)
241. 我国潜艇部队经历了什么样的成长历程? …… (178)
242. 我国常规潜艇远航能力如何? ………………… (178)
243. 我国是什么时候开始研制核潜艇的? ………… (179)
244. 中国第一艘核潜艇什么时候问世的? ………… (179)
245. 中国潜艇是何时从水下发射运载火箭的? …… (180)
246. 常规潜艇的发展方向是什么? ………………… (181)
247. 世界上著名的常规潜艇有哪些? ……………… (181)
248. 未来潜艇有什么样的动力? …………………… (182)
249. 未来的潜艇将如何减少噪音和回波? ………… (182)
250. 未来的潜艇武器可能会有什么飞跃? ………… (183)
251. 最早使用水雷的是哪个国家? ………………… (184)
252. 我国发明的"水底龙王炮"是怎样攻击敌船的? … (184)
253. 触发锚雷是怎样爆炸的? ……………………… (185)
254. 锚雷布下水后如何自动定深? ………………… (185)
255. "撑杆水雷"是一种什么武器? ………………… (186)
256. 水雷艇是怎么出现的? ………………………… (187)
257. 沉底水雷有什么特点? ………………………… (187)
258. 最早的音响水雷是哪个国家制造的? ………… (188)
259. 非触发水雷为什么要设置定时器? …………… (188)
260. 水雷定次器有何妙用? ………………………… (189)
261. 德国研制的"蚝雷"为什么特别厉害? ………… (189)
262. 水雷在两次世界大战中发挥了什么样的作用? … (190)
263. 为什么中国水雷让侵华日舰上的水兵丧胆? … (190)
264. 水雷为什么长盛不衰? ………………………… (191)
265. 目前世界上有哪些特种水雷? ………………… (192)
266. 水雷武器发展有什么新动向? ………………… (192)

267. 自动水雷是怎样发明的? ……………………… (193)
268. 第一次用自动水雷击沉敌舰是在什么时候? … (193)
269. 为什么把鱼雷称为"水中爆破手"? …………… (194)
270. 哪些舰艇装备有鱼雷武器? …………………… (194)
271. 哪国海军造出了世界上第一艘鱼雷艇? ……… (195)
272. 哪国海军第一次用机载鱼雷击沉敌舰? ……… (195)
273. 蒸汽瓦斯鱼雷具有什么优缺点? ……………… (196)
274. 电动鱼雷具有什么长、短处? ………………… (196)
275. 自导鱼雷有什么特点? ………………………… (197)
276. 鱼雷尾流自导装置是什么? …………………… (197)
277. "暴风"鱼雷的速度为什么能达到360千米? … (198)
278. 鱼雷自导搜索方式有哪几种? ………………… (199)
279. 什么是鱼雷的自控系统? ……………………… (199)
280. 线导鱼雷为什么要拖一根"细尾巴"? ………… (199)
281. 火箭助飞鱼雷有什么特点? …………………… (200)
282. 航空鱼雷有什么特点? ………………………… (201)
283. 世界上产量最多的鱼雷是哪种? ……………… (202)
284. 世界上哪几个国家研制的鱼雷性能最先进? … (202)
285. 为什么把人操鱼雷叫作"肥猪"? ……………… (203)
286. 日本的"回天"鱼雷有没有回天之术? ………… (204)
287. 鱼雷发射管是怎样把鱼雷送出去的? ………… (205)

四、无敌的海空雄鹰

288. 谁最先驾机参加海战? ………………………… (207)
289. 为什么要建立海军航空兵? …………………… (207)
290. "海鹰"有哪几种? ……………………………… (208)

291. 海军航空兵飞机有哪些种类? ……………………… (209)
292. 海军水上航空兵主要担负什么任务? ……………… (210)
293. "海鹞"如何腾空而起? ………………………………… (211)
294. 舰载可变翼飞机有什么特点? ……………………… (211)
295. "飞豹"为什么能直冲云霄? ………………………… (212)
296. 海军强击机主要用途是什么? ……………………… (213)
297. 海军歼击机为什么特别引人瞩目? ………………… (214)
298. 舰载直升机为什么深受各国海军喜爱? …………… (214)
299. "鱼鹰"具有什么神奇性能? ………………………… (215)
300. 水上飞机为什么能在水面行、天空飞? …………… (216)
301. 谁是"水上飞机之父"? ……………………………… (217)
302. 舰载反潜机为什么成了反潜的主力? ……………… (219)
303. 反潜巡逻机有什么性能? …………………………… (219)
304. 海军直升机有哪些? ………………………………… (220)
305. 哪种直升机最早投入海战? ………………………… (220)
306. 舰载直升机发展方向如何? ………………………… (221)
307. 什么是"鹰眼"? ……………………………………… (221)
308. 海军电子对抗飞机的主要用途是什么? …………… (222)
309. 重新出世的飞艇有什么优点? ……………………… (222)
310. 中国最早的"海鹰"是怎样起飞的? ………………… (223)
311. 人民海军航空兵使用过哪些飞机? ………………… (224)
312. 最先击沉战列舰的是哪种飞机? …………………… (225)
313. 首次轰炸柏林的是什么飞机? ……………………… (225)
314. 第一批攻击东京的美机是从"香格里拉"起飞的吗? … (226)
315. 为什么"零战"由"恶鹫"变成了"火鸡"? …………… (226)
316. 为什么"地狱猫"摘取了"王牌战机"的桂冠? ……… (228)
317. 哪一架喷气式飞机首次在军舰上起落? …………… (229)
318. 哪种俄罗斯的舰载歼击机最先进? ………………… (229)
319. 什么是导弹? ………………………………………… (231)

320. 海军导弹有哪些？ …………………………… (231)
321. 你知道有让导弹向错误方向飞行的导弹吗？ … (232)
322. 导弹由哪几部分组成？ ……………………… (233)
323. 舰对舰导弹威力有多大？ …………………… (233)
324. 舰对舰导弹攻击线路和弱点是什么？ ……… (234)
325. 舰对空导弹有什么作用？ …………………… (234)
326. 舰对空导弹主要的特点是什么？ …………… (235)
327. 巡航导弹主要性能有哪些？ ………………… (235)
328. "战斧"导弹使用了什么新技术？ …………… (236)
329. 弹道导弹的威力有多大？ …………………… (237)
330. "哈姆"导弹为什么被称为"冷面杀手"？ …… (237)
331. "日炙"导弹凭什么令航母生畏？ …………… (238)
332. 导弹的精确制导技术有几种？ ……………… (239)
333. 潜艇是如何发射潜舰导弹的？ ……………… (239)
334. 潜对地导弹具有什么主要性能？ …………… (240)
335. 潜地弹道导弹是怎样发射的？ ……………… (240)
336. 最早的潜对地弹道导弹是哪国研制的？ …… (241)
337. 潜射巡航导弹水下发射有哪几种方式？ …… (241)
338. "三叉戟"导弹系统具有什么性能？ ………… (242)
339. 分导式多弹头导弹有什么样的"分身术"？ … (242)
340. "巨浪"什么时候从水下腾空而起？ ………… (243)
341. 中国的导弹研制成就如何？ ………………… (244)
342. 在海上怎样施展"壁虎断尾"的计谋？ ……… (244)

五、未来的海战新秀

343. 海洋为何成了新武器激烈对抗的竞技场？ …… (247)

344. 情报搜集船搜集什么？ …………………………… (247)
345. 有比姜子牙的"法术"更厉害的武器吗？ ……… (248)
346. 激光武器有什么特殊的本领？ ………………… (249)
347. 激光武器在实战中杀伤力如何？ ……………… (250)
348. 有比激光武器还要厉害的武器吗？ …………… (250)
349. 粒子束武器是怎样实施攻击的？ ……………… (251)
350. 粒子束武器有什么优点？ ……………………… (251)
351. 次声武器会成为新杀手吗？ …………………… (252)
352. 什么是"不染血的刽子手"？ …………………… (252)
353. 现代武器有哪些"隐身术"？ …………………… (253)
354. "斯米洛"号为什么能够隐形？ ………………… (254)
355. 为什么各国重视对隐形武器的研究？ ………… (255)
356. 什么是海上电子战？ …………………………… (255)
357. 电子战始于何时？ ……………………………… (256)
358. 电子战有什么特点？ …………………………… (257)
359. 电子战有几种克敌制胜的法宝？ ……………… (257)
360. 为何称电子战是第四维战场？ ………………… (258)
361. 为何把C^3I系统称为战争力量的"倍增器"？ … (258)
362. C^3I系统会对未来海战产生什么影响？ ……… (259)
363. 海军C^3I系统是怎样组成的？ ………………… (260)
364. "宙斯盾"是什么？ ……………………………… (260)
365. 英国海军的C^3I系统具有什么性能？ ………… (261)
366. 什么是气象武器？ ……………………………… (262)
367. "天兵天将"能呼风唤雨吗？ …………………… (262)
368. 海洋环境武器有哪些用途？ …………………… (262)
369. 计算机病毒武器怎样发挥作用？ ……………… (263)
370. 计算机病毒武器怎样用于实战？ ……………… (264)
371. 无人潜水器为什么神通广大？ ………………… (264)
372. 设想中的三栖军舰是什么样的？ ……………… (265)

373. 什么是"里海怪物"? …………………… (265)
374. 为什么说高技术赋予鱼雷新生命? …… (266)
375. 新的反潜水雷有什么特点? …………… (267)
376. 下一代舰炮将是什么样的? …………… (267)
377. 蛊惑武器在战场上怎样变"魔术"? …… (268)

六、难忘的千年风流

378. 你知道最早的水战武器吗? …………… (271)
379. 中国与欧洲最早的弩弓有什么不同? … (271)
380. 诸葛亮为什么要"草船借箭"? ………… (273)
381. "希腊火"是什么? ……………………… (273)
382. "霹雳炮"有多大威力? ………………… (274)
383. "拍竿"是一种什么兵器? ……………… (275)
384. 砲与"炮"有什么区别? ………………… (276)
385. "靠帮"接舷战用些什么利器? ………… (277)
386. 牛的角斗给海战哪些启示? …………… (278)
387. 最早的战船出现在哪里? ……………… (279)
388. 西方海军兵器在什么时候超过了中国? … (279)
389. 古代战船有哪些特点? ………………… (280)
390. 什么是艨艟、楼船、斗舰? …………… (281)
391. 中国帆桨战船什么时候达到了顶峰? … (282)
392. 战船怎样变成了军舰? ………………… (283)
393. 军舰与轮船区别在哪里? ……………… (284)
394. 早期的舰艇军械是什么样的? ………… (285)
395. 钢铁舰船为什么能浮在水面? ………… (286)
396. 军舰是怎样披上了盔甲的? …………… (286)

397. 瓦特发明的蒸汽机对军舰有什么贡献？ ……… (287)
398. 明轮推进器是什么样的？ …………………… (288)
399. 中国最早的蒸汽舰船是怎样造出来的？ ……… (288)
400. "响尾蛇"号为什么能获胜？ ………………… (289)
编后记 ………………………………………………… (291)
《海洋小百科全书》分类目录 ……………………… (292)

海军兵器

凶悍的汪洋猛鲨

1. 战列舰的名称起源于何时？

战列舰曾经是海洋上的霸主。战列舰称霸海洋的主要原因在于它们的攻击力猛和防护力量强。战列舰以其大口径远程火炮和厚实的装甲令人生畏。战列舰是一种主要在远洋活动、装备强大的舰炮武器、有装甲防护与防雷舱的大型战斗舰艇。在第二次世界大战之前相当长的时间内，战列舰是海军舰队的主力战舰，故称"主力舰"或"战斗舰"。它是海军舰队的核心，主要用于同海上敌人舰船决战，或对陆战中火力的支援。

战列舰名称起源于300年前。早先的海战，双方的战船两舷相接后，手持大刀、长矛的士兵冲到对方的战船上乒乒乓乓砍杀一气。随着火炮在海战中的运用，双方战舰拉开了距离，把战舰按前后次序排成一列，使各舰火炮都对准敌舰，依次向敌舰炮击。海战的胜负告诉人们：只有那些吨位大、防护性好、火炮攻击能力强的战舰才能取得好的作战效果，才有可能保持战斗队列。于是，人们便开始将这些吨位大、防护性好、火炮威力强的战船称为"战列舰"。据史料记载，这种一路纵队式的线阵战术问世于1665—1667年的英国和荷兰战争期间。因此，战列舰的历史从那时算起。

2. 战列舰是什么时候闪亮登场的？

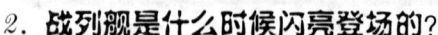

战列舰的主要任务是用于海上决战，加强海上编队的突击力量，在海上消灭敌人大型水面战斗舰艇；同时，也可用来压制和歼灭敌人海岸目标。例如，用战列舰来摧毁敌人构造坚固的炮塔式海岸炮，袭击对方港口，还可

用舰炮抗击敌方驱逐舰、护卫舰、鱼雷艇的袭击等。第一次世界大战前后的大海战,都是由战列舰担负海战主角,尤其是在1916年英德的日德兰大海战中,双方共出动了49艘战列舰、14艘战列巡洋舰以及许多的巡洋舰、驱逐舰、侦察舰等,进行了一场史无前例的海上大厮杀。第二次世界大战初期,战列舰仍然是海战取胜的法宝,扬威称霸于大海大洋。

3. 战列舰有什么独特优势？

战列舰之所以成为在世界海军史上使用时间最长的战舰,因为它具有独特的优势。

战列舰

其一,吨位大。战列舰在当时世界上所有的舰种中,它的吨位居"老大",航空母舰的吨位是在第二次世界大战后期才逐渐赶上来的。战列舰这样庞大的舰体,为装备各种武器提供了空间;同时吨位大有利于镇压风浪,可以赴远洋作战;庞大的舰体为舰员提供良好的生活条件,便于长期在海上作战。

其二,火力强。战列舰以其炮多口径大著称。早在风帆战列舰时代,一艘战列舰三层甲板两舷摆列着100

多门大炮,一齐开火,炮声震天。美国的"衣阿华"级战列舰上装备的3座三联装406毫米大炮,更是威力惊人。

其三,装甲厚。战列舰的装甲厚度同主炮口径增加成正比。以"大和"号战列舰为例,全舰舷部用5层钢板防护,最厚处410毫米,创造了战列舰装甲厚度的最高纪录。舰的底部除了加厚装甲外,还设立隔离层,用来防护鱼雷攻击。当被一枚鱼雷命中时,不会影响战列舰战斗力;同一舷被两枚鱼雷命中后,战列舰仍能保持战斗力,简直是一座坚固的海上战斗堡垒。

4. 战列巡洋舰有什么特点?

战列巡洋舰是战列舰的一种,速度比一般战列舰快,但火炮威力和装甲防护较弱,可以用于远距离侦察、重大海战的初始作战和奔袭等。第一艘战列巡洋舰是英国的"无敌"号,于1907年下水,排水量1.73万吨,航速26.5节(43千米/小时);武器有305毫米火炮8门、102毫米火炮16门。后来,德国、法国、俄国、奥匈帝国和日本也开始建造战列巡洋舰,到第一次世界大战开始时,世界上已有战列巡洋舰70多艘。

海上作战实践表明,战列巡洋舰极易被炮火摧毁。在1916年5月31日的日德兰海战中,英国"无敌"号、"不屈"号、"玛丽王后"号和德国的"吕措夫"号共4艘战列巡洋舰都先后中弹沉没,另有5艘受重创。而在此次海战中沉没的战列舰仅有德国旧式战列舰1艘。由于这种军舰缺陷较大,在第一次世界大战后即停止了建造。20世纪20年代,日本进行现代化改装时把全部战列巡洋舰(4

艘)都改成战列舰(降低了一些航速,加强了装甲)。英国和日本一部分尚未竣工的战列巡洋舰也改装成了航空母舰。

5. 什么是风帆战列舰?

风帆战列舰最早出现于17世纪中期,用木材建造船体,由3根高大的桅杆扯起风帆驱动战舰前进,排水量从1000吨逐步增大到4000吨～5000吨。木质风帆战列舰两舷的护板上开设了一排排舷窗,在每个舷窗口里布置一门火炮,带轮子的火炮直接放在甲板上,火炮甲板最多可达3层,可装备100多门火炮。早期,风帆战列舰装备的是发

风帆战列舰

射圆形实心弹的前膛炮。19世纪以后,风帆战列舰改装发射爆炸弹的后膛炮,一艘舰上最多可以装备120门～130门。在特拉法加海战中,英国舰队和法国、西班牙联合舰队共投入风帆战列舰60艘,这是风帆战列舰队进行的一次最大规模的海战。

6. 为什么英国人为"胜利"号而感到自豪？

英国人对海洋和海军情有独钟，因为英国的兴衰在很大程度上与海洋密不可分。1805年10月19日，英国主力舰队司令纳尔逊在旗舰"胜利"号上指挥英国舰队，一举击败了法国和西班牙联合舰队，夺取特拉法加大海战的辉煌胜利。在海战中，英国海军击沉敌舰1艘，俘敌舰12艘，重创敌舰7艘，而英舰无一沉没或被俘。法西联合舰队死、伤、被俘达1.3万人，而英国舰队仅亡449人，伤1214人。然而，纳尔逊却在海战中阵亡。

"胜利"号在海战中

英国舰队在特拉法加海战的大捷阻止了拿破仑的大军对英国的入侵，挽救了英国。因此，英国人怀着无比崇敬的心情在伦敦建立了特拉法加广场，为纳尔逊立了铜像，并把纳尔逊的旗舰"胜利"号永久陈列在朴茨茅斯港，供人参观。

我们今天仍可看到这艘200年前的木质风帆战列舰的雄姿。它的排水量为3500吨，长68.9米，宽15.5米，龙骨用榆木制作,舰体用橡木制成,舰体底部用铜皮包裹。舰上有3根桅杆,最高的中桅高62.5米,可挂36面帆,最大航速10节。舰上3层甲板共安炮102门,上甲板为12磅轻炮,中甲板为24磅中炮,下甲板为32磅重炮,射程最远的炮弹可达1.6千米。舰上有炮手620多名、水手260多名,加上军官和勤杂人员,共900多人。

"胜利"号设计合理,航海性能和抗风力均属上乘,于1798年服役,是当时世界上最好的军舰之一。英国人理所当然地为这艘既是舰中精品,又是海战功勋的战列舰感到无比自豪。

7. 蒸汽战列舰怎样取代了风帆战列舰?

蒸汽战列舰出现于19世纪中期,是近代工业的产物。1859年,世界上第一艘使用蒸汽动力的铁板包裹舰壳的战列舰"光荣"号在法国诞生。第二年,世界上第一艘使用蒸汽动力的铁壳战列舰"勇士"号也在英国下水。不过它们同样保留风帆,是机、帆并用的战列舰。

1873年,人类造船史上最早将风帆去掉的纯粹蒸汽动力战列舰"蹂躏"号在英国诞生。它标志着机器动力的最后胜利。1892年,英国又建造了世界上第一艘钢质战列舰"君主"号。这艘舰成为各国战列舰设计的样板。此后,战列舰完全采用钢制舰体。满载排水量由1万吨增至1.2万吨;装备螺旋膛线舰炮,主炮口径由200毫米增至300毫米～350毫米,甚至400毫米以上,由护板炮改为炮塔炮;舰体防护装甲厚度达230毫米～450毫米;航速由14节左右提高到16节～17节。舰炮威力、装甲防护、航速和排水量,被视为战列舰的四要素,蒸汽战列舰在这四方面都远远超过了风帆战舰,当然要取而代之了。

8. 战列舰有什么样的装甲"外衣"?

为了防御敌舰发射的炮弹和敌机投下的炸弹,战列舰在舰体侧舷、甲板、指挥塔和主要战斗部位都装上装甲。根据在舰上安装位置的不同,分为垂直装甲和水平装甲。

垂直装甲呈垂直位置安装,如舰体侧舷部位的装甲:它的厚度与舰上主炮的口径相当,甚至比主炮的口径还要大,其厚度在406毫米~457毫米之间。水平装甲多半安装在甲板上,一般主甲板的装甲厚度为150毫米,上甲板为130毫米,下甲板为80毫米。这样,500千克以下的炸弹、炮弹就穿透不了。

对于主舷装甲,其长度约占舰体长度的60%,并和军舰首尾横隔墙装甲相连,还和甲板装甲相连,形成一个装甲堡垒区。战列舰上全部装甲重量约占全舰排水量的40%。

9. 战列舰上怎样防雷?

对战列舰威胁最大的武器,是来自水下的爆炸,因为它直接导致舰体进水沉没。因此,战列舰在设计中,精心设计了如何有效地防御水中兵器——鱼雷、水雷的袭击。战列舰上设有专门的防雷装置。在舷侧部位有专门的防雷舱,鱼雷、水雷爆炸产生的冲击波,经过几层防雷扩散、消耗和阻挡,难以侵入舰体内部。同时,战列舰上设置有许多道水密隔墙,它不透水,防止海水侵入舰体后扩散到其他舱室。正是这样的原因,即使战列舰被几条鱼雷命中,它也不一定会沉没。

10. 战列舰的主炮有多厉害?

主炮在战列舰上有 8 门~10 门,口径为 356 毫米~460 毫米,装在 3 座~4 座炮塔中。主炮塔布置在军舰中线面上,或作中线重叠配置。如果舰上有 4 座炮塔,2 座布置在舰首,2 座布置在舰尾,4 座炮塔都配置在中线面上,而且第二、第三座炮塔与第一、第四座炮塔重叠布置,既利用了空间,又扩大了射界。

正在发射的战列舰

战列舰上的 406 毫米火炮,每发炮弹重 1 吨多,最大射程 41 千米。一次齐射,可以发射 10 余吨炮弹。如果被这么大而且重的炮弹击中了,其爆炸杀伤力可想而知。至于日本建造的超级战列舰"大和"号,6 门主炮的口径竟达 460 毫米,炮弹重 1.5 吨,几乎等于一颗大型炸弹,如果再加其发射时的高速度产生的动能,那么,它产生的威力将是多么可怕啊!

11. 战列舰的副炮有什么用途?

战列舰的副炮是用来执行辅助战斗任务的,如:抗击敌方驱逐舰、鱼雷艇和航空兵的袭击。战列舰上的副炮数量众多,都是一些中、小口径舰炮,布置在战列舰中部和上层建筑部位。一艘战列舰上中口径炮有12门～20门,口径为120毫米～152毫米;而口径在75毫米以下的小口径炮,约有100门之多,多半是自动炮。这些中、小口径舰炮能抗击敌小群兵力冲击,但是对于从几个方向同时来的大群兵力的冲击,特别是敌飞机的攻击,却难以有效地进行抗击。

12. 为什么会发生巨舰大炮竞赛?

军舰的动力和武力装备在不断发展,装甲越来越厚,火炮的口径也越来越大,军舰战斗力也越来越强。

1906年英国建造的战列舰"无畏"号

美国海军理论家马汉于19世纪八九十年代出版了《制海权对历史的影响》等书,提出了"控制海洋,特别是在与国家利益和贸易有关的主要交通线上控制海洋,是国家强盛和繁荣的纯物质性因素中的首要因素"的观点。从20世纪初开始,在马汉的理论启示下,帝国主义、殖民主义者为了争夺海上霸权,开始了一场建造重型战舰的竞赛。德国并不示弱,建造了排水量更多、装甲更厚、舰炮口径更大的战列舰。英国公开声明:你造一艘,我就造两艘,以此来对抗德国。日、美、意、法及其他一些国家,也紧紧跟上了这场军备竞赛。战列舰在这场军备竞赛中得到了空前的发展。直至第二次世界大战前,美国有15艘战列舰在服役,9艘在船台上建造;英国有15艘服役,5艘正在建造;法国有7艘服役,2艘正在建造;德国有2艘服役,2艘正在建造;日本有10艘服役,4艘正在建造,意大利服役和正在建造的各4艘。这一艘艘战列舰犹如庞然大物,纷纷下水,搅得全球海洋上不得安宁。

13. 战列舰装备技术有什么突破?

在各国开展建造战列舰竞赛中,战列舰的数量与质量都有了很大发展。这一时期战列舰装备技术的主要成就是:

主炮叠层配置。在最初的"无畏"舰上,主炮配置在4座~6座双管炮塔中,一部分配置在战舰的纵向上,一部分配置在战舰中部两侧。这样侧面炮塔只能向一个方向射击。美国1919年建造的"阿坎萨斯"号主炮的炮塔按高度梯次配置,并开始使用3管炮塔,这样大大提高了主炮的威力。

装甲采取集中防护。侧舷采用倾斜装甲提高防弹能力。针对穿甲弹,使用足够厚度的甲板;增加炮塔顶盖的厚度,水下部分加厚装甲,并采用隔离舱;副炮也装置在炮塔内。

增大了主机功率,提高了航速。通过使用汽轮机和重油专用锅炉,加大了主机马力,提高了航速。如日本"长门"号战列舰,主机功率达到8万匹马力,使航速达到了26.7节,为当时世界上航速最快的战列舰。

14. 最大的战列舰上的"火力"有多强?

历史上最大的战列舰要首推日本的"大和"号和"武藏"号。它们的满载排水量为7.28万吨,全长263米,宽38.7米。军舰上装有9门口径为460毫米的主炮,每门炮重181吨,所发射的炮弹每枚重1.5吨。此外,还有155毫米副炮12门,其他各种口径副炮共135门。还可以搭载水上侦察机6架～7架。

日本"大和"号战列舰

日本军国主义者曾用它们在海上耀武扬威。1944年10月24日,"武藏"号遭到美国海军航空兵袭击,被命中17枚炸弹和20枚鱼雷,沉没于菲律宾海域。1945年4月7日,"大和"号也在冲绳岛海域被美机炸沉。显赫一时的最大的战列舰从此淹没在大海的波涛之中。

15. 战列舰为什么会衰落？

现在，战列舰已经退出历史舞台，战列舰的衰落是什么原因呢？

第一，是吨位大、体积大、隐蔽性差，在海上很远就可以被发现，容易遭到敌方的袭击；第二，机动性差，由于吃水深，回转不方便，回转半径达到千米左右，只能在深水及开阔海区活动；第三，也是最致命的缺点，战列舰不能有效抗击飞机、导弹的袭击，也不能有效地对抗潜水艇的袭击。为了防止飞机、潜艇的袭击，便要有专门的警戒兵力进行警戒。此外，战列舰造价昂贵，建造周期长，损失后不易补充。

当这些缺点在第二次世界大战中充分暴露后，各国都停止建造战列舰，从而使它逐步退出了历史舞台。

16. 第二次世界大战中战列舰损伤有多少？

第二次世界大战中，战列舰无论从吨位、主炮口径、装甲厚度，都达到了前所未有的程度。然而，由于航空母舰的崛起，双方交战的距离大大增加，以往大舰巨炮对垒激战的场面已不多见，战列舰失去了往日主力舰地位，也没有取得显赫的战果。在航空兵和潜艇的攻击下，战列舰的巨炮没有多少用武之地，只有在支援登陆作战中，可以用强大的炮火摧毁陆上目标。因此，第二次世界大战中损伤或沉没的战列舰，很少是被敌军舰炮击中沉没的，多数被敌军舰载机投掷的鱼雷、航空炸弹和潜艇发射的鱼雷击中后引起舰上的燃油或弹药发生大爆炸而沉没的。第二次世界大战中共有31艘战列舰被击沉。其中被舰炮击沉的仅有英国的"胡德"号和日本的"雾岛"号两艘。

17. 第二次世界大战后战列舰为何几度沉浮？

第二次世界大战结束后，战列舰遭到了冷遇，正在建造的停止了，其余的命运是退役、封存、被拆除、进厂化铁水，进博物馆供参观、当教练舰……几乎所有的战列舰都遭到处理。

1950年朝鲜战争爆发。次年3月，美国"衣阿华"级战列舰"威斯康星"号启封服役，担任第七舰队旗舰。1958年3月，该舰继其3艘姊妹舰封存后也被再次封存。

法国的"让·巴尔"号战列舰曾于1956年10月参加入侵苏伊士运河的战争，之后便退役。

1956年，英国也停止使用最后一艘战列舰"前卫"号。就这样，仅存的几艘战列舰也一一从大海大洋中消失了。

"衣阿华"级战列舰

20世纪80年代初期，美国对战列舰"新泽西"号又进行了现代化改装,1982年重新服役。8年后又重新被封存。

1990年8月海湾战争爆发后,美国又启封两艘战列舰,用406毫米大炮和"战斧"导弹袭击了伊军阵地。随着战争的结束,两艘战列舰又退出了现役。

18. 战列舰最后一次炮击作用有多大?

1991年2月4日凌晨,美国"密苏里"号战列舰3座三联装406毫米大炮黑洞洞的炮口,直指伊拉克军队前沿阵地。

"轰隆隆"炮声震天撼地,一枚枚巨型炮弹挟雷携电呼啸飞去。刹那间,伊军的指挥中枢、弹药库、炮阵地、雷达站、导弹阵地爆炸声此起彼伏,陷入一片火海。2月6日,"威斯康星"号战列舰替换下"密苏里"号,又一次把巨型炮弹倾泻到伊军阵地上。

据美国国防部统计,两舰在83次炮击中,共发射了1102枚406毫米炮弹,弹药重1322.4吨。战列舰的炮击,给予多国地面部队强有力的火力支援,为步兵冲击铺平了道路。

这是自朝鲜战争以来战列舰的首次炮击,也是这两艘战列舰退役前的最后一次炮击,很有可能这将是战列舰历史的绝响。

19. "衣阿华"级战列舰改装了什么新武器?

为了使重新复出的战列舰显出震惊世人的威力,美国为"衣阿华"级战列舰研制了一种集束炮弹,型号为EX146型炮弹。这种炮弹弹体内装有大量的子母弹,当炮弹飞到目标上空时,这些子母弹便从炮弹底部抛出,借助空气阻力和离心力的作用,在目标区上空均匀地散开下落。据说,这种集束炮弹能在目标上空形成10平方千米的覆盖面。另一种新型炮弹是EX148型330毫米次口径脱壳炮弹,这种炮弹能使406毫米火炮的射程提高一倍。它在飞行过程中脱去炮弹外圈的轻壳,使炮弹的截面积减少,从而作用于炮弹单位截面上的空气阻力减少,达到增程目的。这种炮弹也是集束型。美国科研部门还为"衣阿华"级战列舰的主炮研制了末段制导炮弹。这种炮弹是在弹头上加上红外制导装置,炮弹发射出去后,能够自动搜索、跟踪目标。这种炮弹既具有炮弹初速大、连续射击的特点,又吸收了导弹精度高、反应灵敏的优点。

20. 美国"密苏里"号战列舰有什么特殊的荣耀?

美国"密苏里"号战列舰的后甲板上,镶嵌着一个圆形的铜质铭牌,上面写着:1945年9月2日,日本无条件

"密苏里"号战列舰

投降签字地点。

这是"密苏里"号的荣耀,它也因此而名声大振。今天,当它重新退役向游人开放的时候,这块铜牌向人们诉说着那段辉煌的历史。

人们不禁要问:对日本的受降签字仪式为什么不在盟军总部所在地横滨新大饭店举行,而要在"密苏里"号战列舰上签字呢?原来,当时任太平洋战区的美国陆军统帅麦克阿瑟和美国海军太平洋舰队司令尼米兹之间,曾就此展开过一场争夺战。

在太平洋战争中,美国海军歼灭了日本海军,为赢得胜利立下了卓越的战功。但是,美国陆军的作用也不能忽视。"是谁打赢了太平洋战争?"尼米兹愤愤不平,他向美国政府表示:如果不能体现海军在太平洋战争中的巨大作用,他宁愿不出席受降仪式。

后来,经海军部长福雷斯特调解,杜鲁门总统决定:麦克阿瑟以盟军最高司令身份代表联盟各国,而尼米兹则代表美国分别在日本投降书上签字;签字仪式由麦克阿瑟主持,但必须在海军军舰上进行。"密苏里"号是以当时美国总统杜鲁门的家乡命名的,杜鲁门的女儿还在军舰命名仪式上亲手将舰名牌授给了舰长,当然意义特殊。

9月2日9时2分,受降仪式开始。麦克阿瑟五星上将作简短讲话后,便让日本代表签字。随后,麦克阿瑟签字。然后,同盟国代表依次签字,他们是:美国代表尼米兹海军五星上将,中国代表徐永昌上将,英国代表弗雷泽海军上将,苏联代表杰列维亚科海军中将以及澳、加、法、荷、新西兰等国的代表。整个受降仪式历时23分钟。

21. 战列舰可能复活吗？

战列舰在第二次世界大战以后，几度沉浮，现在已经没有现役的战列舰。但是，又有人提出复活战列舰的设想。美国某些人想改装被封存的4艘"衣阿华"级战列舰，其方案是将舰尾一座406毫米炮塔拆除，改成97米长，39米宽的飞行甲板和飞机升降平台，供垂直起降、短距起降飞机和直升机起降，飞行甲板下设置飞机库。在前甲板装上导弹武器及新式舰炮。

要是这种改装设想实现的话，已经退出历史舞台的战列舰就会重新复活。但是，这种情况的可能性不大。

22. 飞机最早是怎样在军舰上起降的？

1903年，飞机试飞成功后，各国的海军便开始研究用军舰作为起飞基地的可能性。人们推测：要是飞机以军舰为基地，就可以克服续航距离短的缺点。这样，飞机可以随着军舰远涉重洋，到处活动。

飞机从"宾夕法尼亚"号上起飞

海军兵器

　　1910年,美国海军在巡洋舰"伯明翰"号上进行了试验,在它的舰首甲板上铺设了一条26米长的木制跑道,世界上第一架从军舰上起飞的飞机"飞鸟"号由著名试飞员埃利驾驶,从这里顺利地起飞。它飞行了3千米后,在附近的一个海滩上着陆。1911年,美国海军在"宾夕法尼亚"号又进行了飞机着舰试验,还是由埃利驾驶飞机,并且获得了成功。"宾夕法尼亚"号甲板上铺设的木制甲板加长了10米。在跑道上,每隔1米横方向装1根绳索,绳子的两端拴着沙袋。在飞机着落后,机身下装的钩子,钩住其中的一道绳索,拖着沙袋向前滑跑。因飞机被绳索和沙袋拖着,阻力很大,从而缩短了着落时的滑跑距离。世界上第一架在军舰上着落的飞机,就是这样成功的。

23. 世界上最早的航空母舰出现于何时?

　　1913年,第一次世界大战之前,英国海军最先将巡洋舰"竞技神"号的前后甲板上的主炮拆除,铺上木制的跑

日本海军第一艘正规航空母舰"凤翔"号

道,以甲板中部的上层建筑为界,前面的木制跑道供飞机起飞用,后面的木制跑道供飞机降落用。

当时这种改装后的巡洋舰叫作"飞机搭载舰",是最早出现的用旧军舰改装成的航空母舰,它最多能装载30架水上飞机。

1922年底,日本制造了7470吨的"凤翔"号航空母舰,这是世界上第一艘专门设计和建造的正规航空母舰。舰上可以搭载轮式飞机21架。"凤翔"号开工时间比英国当时正在建造的"竞技神"号(第二代舰)正规航空母舰要晚两年。可是,日本人日夜施工,抢在英国人前面建成,抢了头彩。

24. 美国第一艘航空母舰产生于什么时候?

最早在军舰上进行飞机降落试验的是美国,但是美国在建造航空母舰方面却落后于英国、日本。在第一次世界大战中,英国已有10艘航空母舰。日本的"若宫"号航空母舰还参加了对驻胶州湾(今青岛)德军的攻击。

可是,美国直到1920年才开始改造"木星"号运煤船,将船上的上层建筑和煤吊杆拆除,将船舱重新划分,在甲板上安装了165米长、20米宽的木质跑道。驾驶室位于甲板右前部下边。因此,它是一艘全通式的航空母舰,也就是在甲板上没有岛式上层建筑,烟囱和桅杆是活动式的,在飞行时也可以放倒,像一座大房子的平屋顶。

改造成的航母被命名为"兰利"号,弦号CV-1,代表它是美国航母第一号。排水量1.105万吨,可搭载飞机33架。

25. 初次参加海战的航空母舰为什么成了"丑小鸭"？

第一次世界大战中,航空母舰开始运用于海战。但由于各方面条件太简陋,成功的战例甚少,被当做笑料却很多。如:1918年1月,土耳其战列巡洋舰"雅乌兹"号在达达尼尔海峡触礁搁浅,英国海军决定派遣航空母舰"皇家方舟"号和"曼岛人"号对土舰进行攻击。攻击持续了很长时间,投下了大约15吨炸弹,但因每枚炸弹都只有20千克~50千克,威力很小,没有对该舰造成多大损坏。航母的舰长们准备孤注一掷,命令飞机挂鱼雷进行攻击,但鱼雷太重,飞机无法带动,有两架飞机还因此而坠入海中,只好作罢。两艘航空母舰像掉光了毛的丑小鸭一样,灰溜溜地回到了锚地。

26. 为什么说航空母舰是海战的"全能选手"？

航空母舰是现代海军中一种特殊的大型战舰,专供海军飞机起飞和降落使用,它的基本任务是用舰上的舰载机作战,攻击水面、水下、空中和岸上目标,并支援其他兵力作战,它是海军中唯一能执行"立体战"的特殊军舰。

航空母舰的战斗用途主要有三个方面:一是对敌方的舰艇、基地及战略目标进行突然袭击;二是掩护和支援两栖登陆,夺取登陆地区的制空权;三是在作战海区及海上交通线夺取制海权,消灭敌人水面和水下舰艇及运输船只。

航空母舰从不被人们重视、甚至被嘲笑成"丑小鸭",到一举战胜战列舰成为主宰海洋的"巨无霸",说明新生事物具有强大的生命力和无限的发展前途。

27. 你知道航空母舰的种类吗?

根据航空母舰的战斗性能和用途,可以分为以下几种:重型攻击航空母舰、轻型航空母舰、护航航空母舰和反潜航空母舰。

重型攻击航空母舰也称作舰队航空母舰,它主要用于对敌方海上和基地内军舰实施航空兵突袭,也可对陆上目标进行攻击,达到消灭或压制敌人战斗目标的目的,还可以用舰载机保证编队在海上航行和战斗中的对空防御和对潜防御。它的排水量为4万吨~9万吨,长度200米~300米,宽度30米~70米,吃水9米~11米。舰载飞机从几十架到一百多架,其中轰炸机和攻击机占三分之二,歼击机占三分之一,另有少量的预警机、反潜巡逻机、侦察机及直升机。此外还有舰炮和导弹等多种武器。

美国"小鹰"号航空母舰

轻型航空母舰是一种小型航空母舰,用来掩护舰艇编队在海上航行、战斗时对空防御和对潜防御,担任侦察、护卫任务,也可对海上舰船、陆上目标实施航空兵突击,还可用来支援登陆作战。它的排水量只有1万~3万吨,长度100米~200米,能载20架~50架歼击机和直升机。

护航航空母舰是在第二次世界大战中由美、英等国大批制造或用商船改建的简易航母,排水量一般为7000余吨至1万多吨,只能载数架至30多架战斗机。其任务主要为海上船队护航或支援登陆作战。在"二战"期间,改建和制造的护航航空母舰共有180多艘,是航母史上最多的一种。战后,护航航空母舰先后退役。

反潜航空母舰是第二次世界大战后出现的一种新型航母,它的主要任务是搜索并消灭敌方潜艇,主要武器是反潜直升机,排水量1万吨~4万吨,舰长100米~200米。

28. 航空母舰甲板为什么那样奇特?

各种类型的军舰都有不同的形状,航空母舰尤其奇特,它的飞行甲板很大,而舰桥小而集中,位于军舰的右侧,像大海中的一个小岛,所以称为岛形上层建筑,是全舰的指挥控制中心。航空母舰的舰桥偏在一边,主要是为了让出位置,为飞机滑行和起降提供方便。早期,有的航母不设上层建筑,称为直通式甲板航母,如:美国第一艘航母"兰利"号和英国的"百眼巨人"Ⅰ号。还有把上层建筑设在左边,被戏称为"左撇子"航母,如日本的"赤城"号和"飞龙"号。

航空母舰的飞行甲板由降落区、起飞区、待机区三部分组成。现代航空母舰均采用斜角甲板,它的斜度用与飞行甲板中心线的角度来表示,一般在10度左右。飞机降落在斜角甲板区域。这个飞行甲板降落区又由着舰、制动、转向三个区域组成。飞行甲板降落区的长度就是这三个区域的长度总和。一般飞行甲板降落区长度为220米～270米,宽27米～30米。

29. 航空母舰有多高大?

航空母舰是一个庞然大物,不仅甲板宽,舰体长,而且高度也惊人。例如,美国的"小鹰"号航空母舰,从舰底龙骨到飞行甲板总高35.3米,可分为10层,从飞行甲板到舰桥顶部为36米,分7层。这样,从舰底龙骨到舰桥顶部总的高度是71.3米。航空母舰在各层甲板上设置有多种舱室,如机库、弹药舱、燃料舱、淡水舱及各种指挥室、工作室、住室等。各种各样舱室有1000多个,几千名舰员就在这些舱室里生活、工作。其中,机库就在甲板下面,机库的长度占舰体长度的五分之四,中间用防火门隔开。机库甲板与飞行甲板由飞机升降机联通。

30. 飞机在航空母舰上怎样停放?

我们知道,陆地上的机场区域广大、平坦宽广,而海上的机场——航空母舰,却很有限,面积狭窄。这就产生了一个"大"与"小"、"宽"与"窄"的矛盾。为了解决这个问题,航空母舰上各种设备的尺寸、重量都要有严格的限制。同时还必须减少每架飞机所占的空间。如果我们有可能到航空母舰上去参观一下的话,就会发现,舰载飞机

海军兵器

排列在甲板上的舰载机

一架挨着一架排列在甲板舷侧,自由伸展的机翼也要折叠起来;有的稍长一点、稍高一点的飞机,连机头、垂直尾翼也要折叠起来;各飞机之间只许留 20 厘米～30 厘米间隔;有些机尾还要伸出甲板外。为了防止飞机在舰体摇摆时掉入大海,甲板上的飞机都用专门的系留索固定住。航空母舰所载的大部分飞机平常停放在飞行甲板以下的机库里。使用时,由设在飞行甲板两侧的 4 台升降机,以每分钟送一架的速度,将飞机送上甲板。

31. 航空母舰上的飞机如何起降?

由于航空母舰上的甲板比陆地机场的跑道短得多,这就严格地限制了飞机起飞、着舰的滑跑距离。因此,舰载飞机必须具备短距离起飞和着陆的性能,不然就会冲出甲板,坠入大海。为了缩短起飞和降落的滑跑距离,飞机利用加力燃烧室、起飞火箭助推器加速,以达到升空所必须的速度;利用刹车、阻力伞的反推力缩短飞机降落后的滑跑距离。

正在航母上降落的飞机

但这些措施,还不能使舰载飞机在航空母舰的飞行甲板上短距离内起飞和降落。因此,航空母舰上还设置了专门的起降装置——飞机弹射器和拦阻索,使舰载飞机能够安全平稳地利用弹射器短距起飞,利用阻拦索短距降落。

32. 怎样保障舰载飞机安全降落?

航空母舰除装有光学助降镜外,还采用了全自动、全天候的电子助降系统。

这种助降系统通过航空母舰上的一个精确的跟踪雷达,测得飞机在降落中的实际位置和运动情况,再通过别的仪器,测出航母飞行甲板的运动情况。将反映这两种运动情况的两组数据,都输入电子计算机进行计算,求出正确的下滑位置。同时,又将正确的下滑位置和飞机实际位置在指令计算机中相比较,得出一个误差信号。然后,通过无线电发射到飞机上去,飞机上的接收装置收到信号后,自动驾驶仪自动操纵飞机修正误差,使误差为零,确保飞机在预定的着舰区安全着落。

由于电子助降系统的运用,舰载机机动性能大为提升,无论在白天、黑夜、晴天、雨天,甚至能见度为零的条件下,舰载飞机都可以在电子助降系统的引导下,安全地降落到甲板上。

在再现马里亚纳群岛海战的电影或电视片中,当美国飞机对日舰进行攻击后,因天色已黑,很难在自己航母上顺利降落,有的坠入大海,有的在甲板上撞到了别的飞机,美机因此损失了80架。这是因为当时航母上还未装有电子助降系统的缘故。

33. 弹射器有什么作用?

为了让飞机在最短的时间内起飞(这在战斗中具有极其重要的作用),航空母舰上装有弹射器。弹射器的种类很多。最早出现的是气动式,后来又先后采用了飞轮旋转动能、火药、液压、蒸汽作为动力的弹射器。

现在广泛使用的是蒸汽弹射器。巨大的汽缸设在甲板下面,它所用的蒸汽由锅炉供给。蒸汽弹射器由汽缸、活塞、拖梭、滑道、导流板所组成。在弹射前,飞机固定在弹射台上,机尾用一根索条拉紧,前面拖梭上套一条尼龙绳,两头扣在飞机腹下的弹射钩,掀起导流板,飞机点火后,就可进行弹射。在正常的情况下,一部弹射器半分钟就可弹射出一架飞机。要是舰上4部弹射器同时开动,几分钟内,就可使多架飞机升上天空,形成一支战斗力量。

34. 阻拦装置起什么作用?

航空母舰上的阻拦装置是用来使舰载飞机在舰上安全降落用的。它实际上是一个缓冲器,用来吸收高速着舰飞机的动能,缩短飞机的滑跑距离。目前航空母舰上使用的阻拦装置有两种:一种是阻拦索,另一种是阻拦网。

阻拦索在正常情况下使用,使得舰载飞机缩短降落滑跑距离。阻拦索布置在离斜角甲板尾端60米处,离飞行甲板高度大约为50厘米,与飞机着舰方向成直角,每隔14米向前布置一根,共4根。钢索两端通过滑轮与甲板下缓冲器相连。缓冲器有重力式,摩擦刹车式,液压式。当飞机着舰时,放下机尾尾钩,当它挂住阻拦索后,滑行30米~40米距离,就可以刹停下来。

阻拦网在应急情况下使用,它是由尼龙带制成。阻拦网设置在阻拦索前面,当飞机发生故障,尾钩放不下来或损伤时,飞机需要紧急降落,才使用阻拦网。飞机冲进阻拦网中,失去了冲力后而停下。

35. 哪种航空母舰造得最多?

建造最多的航母是美国在第二次世界大战中为对付德国潜艇袭击而赶造的"卡萨布兰卡"级护航航母。这种航母标准排水量7500吨,可载飞机25架。仅用1年时间,就造出了50艘之多,显示了美国工业的强大实力。

在攻击型航母中,造得最多的是美国"埃塞克斯"级。美国在第二次世界大战中计划建造32艘,实际完工24艘,有几艘因战争结束而停建。这种航母标准排水量2.71万吨,航速33节,可搭载飞机80架~100架。在对日本和德国的海战中,它们发挥了重要作用。在核动力航母中,建得最多的是美国的"尼米兹"级。现有8艘在役,1艘新舰也已完工("里根"号)。

36. 第二次世界大战中航空母舰发挥了什么作用?

在航空母舰的发展过程中,珍珠港事件是一个重要的转折点。日本偷袭珍珠港成功,使得航空母舰声威大震,成为海战的主角。珍珠港事件证明了:航空母舰上的舰载飞机是一支战斗威力巨大的突击力量,它可以为海军夺得制空权和制海权,进而取得海战的胜利。

航空母舰

在第二次世界大战中,航空母舰一举成为海战的主要攻击力量。1942年5月,美、日两国在珊瑚海海战中,没有发射一颗炮弹,首次用双方的航空母舰的舰载机结束了战斗。因此,在第二次世界大战期间,交战国双方投入大量的人力、物力,改建或新建航空母舰。到1945年初,美国舰队中服役的航空母舰达到90艘之多。美国航空母舰在战斗中发挥了巨大的作用。在第二次世界大战期间,共有219艘航母(其中攻击型航母93艘)参战。美国航空母舰上的舰载飞机共击毁敌机1.2万架,击沉敌方军舰168艘、商船539艘。这些战绩足以说明航空母舰已成为海上霸王,是名不虚传的海上浮动机场。第二次世界大战中,也有80艘航母被击沉。

37. 世界上最先被击沉的航空母舰是哪一艘?

英国的"勇敢"号是世界上第一艘被击沉的航母。"勇敢"号于1928年由战列巡洋舰改造而成,标准排水量2.25万吨,可搭载飞机48架。

1939年9月17日,即第二次世界大战开始仅半个多月,德国潜艇U-29号乘"勇敢"号减速准备回收舰载机时,悄悄从水下向它接近。正巧,为"勇敢"号护航的驱逐舰又被调去援助一艘遭攻击的商船。于是,德国潜艇在2000米处连射了3枚鱼雷,其中2枚命中,仅15分钟,"勇敢"号就沉入海底。U-29号水下排水量仅745吨,可真是小艇"杀"大舰。

38. 哪次海战是第一次航空母舰交锋?

1942年5月7日,美国的航母"列克星敦"号和"约克城"号,巡洋舰8艘、驱逐舰13艘,辅助船3艘,同日本航母"瑞鹤"号、"翔鹤"号、"祥凤"号,巡洋舰9艘,驱逐舰12

艘及其他舰船19艘,在太平洋的珊瑚海海域展开了有史以来第一次航母对航母的交战。战斗的结果是:日本损失航母"祥凤"号及驱逐舰1艘、扫雷舰3艘;美国损失航母"列克星敦"号、驱逐舰和油船各1艘。这些舰船全是被对方的航母舰载机击沉。

39. 你知道航空母舰上配备了哪些飞机吗?

航空母舰以飞机为主要的作战武器。它配备了几十架至百余架各种高性能的飞机。以美军攻击型航母"企业"号为例,它装备了86架不同的飞机,其中包括F-14"雄猫"歼击机20架、F/A-18A"大黄蜂"歼击攻击机20架、A-6"入侵者"攻击机6架,还有预警飞机5架、电子战飞机5架、反潜巡逻飞机10架、反潜直升机6架等。这些舰载机与航母周围的护航舰艇共同组成4道警戒圈,使航空母舰编队具有很强的攻防兼备的作战能力。

美国海军F/A—18A"大黄蜂"战机

"雄猫"、"大黄蜂"、"入侵者"、"鹰眼"、"海盗"等飞机作战半径在400海里～700海里之间,它们在距离航母200海里的区域上空巡逻、侦察和警戒。它们载有空对空导弹、空对舰导弹,还有反潜武器,既可进行空战,又可对敌舰艇实施攻击。

40. 轻型航空母舰在第二次世界大战中为什么发展很快?

攻击型航空母舰虽然威力强大,但它每天的消耗也是惊人的,一般国家"养"不起。而且,建造攻击型航母的时间太长。于是出现了一种价格低廉,制造时间较短的轻型航母,它能载20架～50架飞机,主要是歼击机,用于配合舰队作战、反潜、侦察和为船队护航。在第二次世界大战期间,改建和新建的航空母舰多半属于这一类。但是由于舰上没有较厚的装甲和水下防护装置,防御能力弱,不能起降重型喷气式飞机,所以后来的发展速度减慢了。不过,法国海军还是继续发展这种轻型护航航母,在20世纪60年代建成了两艘轻型护航航空母舰,它们的标准排水量是2.73万吨,舰长238米,舰宽31.7米,吃水8.5米,舰上装载50架飞机,还装了8门100毫米火炮。由于潜艇,特别是核潜艇的威胁日益增大,不少国家就着手制造专门用来反潜的轻型航母。前苏联在20世纪60年代建造的"莫斯科"级反潜航空母舰,它的标准排水量是1.5万吨,长度182.9米,舰宽26米,吃水7.6米,航速30节,能载30架直升机,舰上有4门57毫米高平两用炮,还有2座双联装防空导弹和1座反潜导弹发射装置。

41. 哪艘航空母舰是战争中的"幸运儿"?

对于美国来说,"企业"号是够幸运的。它于1938年服役,标准排水量1.98万吨,可搭载飞机81架~90架。它独一无二地参与了太平洋战争的全过程,多次遭到日机和日舰攻击,甚至还遭到日本"神风"特攻队的一架自杀飞机的撞击,伤痕累累,却奇迹般地生存下来,直到1956年告老还乡。

"企业"号航母编队

日本航空母舰的"幸运儿"是它建的第一艘正规航母"凤翔"号,这艘7470吨的航母并未直接参战,它因航速慢、性能较差,在太平洋战争期间是作为训练舰,专为航空母舰培训飞行员的。在美机的饱和轰炸中能幸免于难,也实在难得。

42. 哪艘航空母舰最短命?

世界上最短命的航空母舰要算日本的"信浓"号。它的标准排水量6.2万吨,可载飞机44架,也是20世纪60

年代之前世界上最大的航空母舰。1944年11月19日,"信浓"号完工,并编入日本海军,11月28日,它由3艘驱逐舰护航从横须贺出海,驶往吴港。在东京湾以南,被巡逻的美国潜艇"射水鱼"号意外发现。第二天凌晨3时许,"射水鱼"号发射了6枚鱼雷,其中4枚击中日舰右舷引起大爆炸,"信浓"号在大火中挣扎数小时后终于沉入海中。

43. 美、日在"二战"中各损失多少艘航空母舰?

在第二次世界大战中,美国共有12艘航母被击沉。它们是:攻击型航母"列克星敦"号、"约克城"号、"大黄蜂"号、"黄蜂"号,轻型航母"普林斯顿"号,护航航母"利斯康姆湾"号、"圣洛"号、"冈比亚湾"号、"奥曼尼湾"号、"布洛克岛"号、"俾斯麦海"号及已改成水上飞机母舰的"兰利"号。

日本在第二次世界大战中共有25艘航空母舰先后参战,其中有21艘被击沉。它们是:"祥凤"号、"赤城"号、"加贺"号、"苍龙"号、"飞龙"号、"飞鹰"号、"龙骧"号、"千岁"号、"千代田"号、"瑞凤"号、"瑞鹤"号、"天城"号、"海鹰"号、"大凤"号、"翔鹤"号、"信浓"号、"云龙"号、"冲鹰"号、"大鹰"号、"云鹰"号、"神鹰"号。另有水上飞机母舰"神威"号、"能登吕"号、"瑞穗"号、"日进"号、"秋津洲"号也遭覆亡。此外,"凤翔"号、"隼鹰"号、"葛城"号、"龙凤"号及未完工的"伊吹"号、"生驹"号、"笠置"号在战后被盟军解体。"阿苏"号停工后,曾作为日本自杀飞机训练用的靶舰,后又遭美机轰炸,千疮百孔,战后被拆除。

44. 最早具有核攻击能力的航空母舰何时诞生？

最早具有核攻击能力的航空母舰是美国在第二次世界大战中设计、制造的"中途岛"号。它是一艘重型攻击航空母舰,满载排水量为6.4万吨,是战后美国海军主要作战力量之一。该舰于1943年开工建造,1945年9月建成服役。"中途岛"号是第二次世界大战期间美国建造的最大的航空母舰,也是第一艘飞行甲板上装有厚装甲的航母,能降落重型轰炸机。1949年,其改装成可载具有核攻击能力舰载机的航空母舰。"中途岛"号服役半个世纪以来,已经过数次大规模改装。它也是历史上使用时间最长的航空母舰。

45. 第一艘核动力航空母舰为什么叫"企业"号？

在航空母舰上最早采用核动力推进装置的是美国的"企业"号。这是为了纪念在中途岛、马里亚纳等海战中屡建战功的美国历史上第六艘航母"企业"号而重新命名的新舰。该舰于1950年设计,1958年2月开工建造,1960年12月下水,1961年编入美国海军太平洋舰队。造价4.5亿美元。满载排水量9.1万吨,飞行甲板长约338米,宽约76米,航速34节,续航力可达21万海里。动力装置为8座A2W核反应堆,4台蒸汽轮机,最大功率28万马力。舰上装备八联装"海麻雀"导弹发射架3座,"密集阵"20毫米6管炮6座,飞机80架,"海王"式直升机6架。目前已三次更换燃料,累计航程达50多万千米,相当于绕地球23圈。该舰于1964年进行了总航程达3万千米的无补给环球航行。1979—1982年进行改装和大

世界第一艘核动力航空母舰"企业"号

修。1993年又进行延长服役期改装。

46. 舰艇上的核反应堆会泄漏吗?

现在,一些国家的航空母舰、巡洋舰、驱逐舰、潜艇及大型辅助舰船(如前苏联的破冰船)装上了核反应堆,为舰艇提供了强大的动力。核动力舰艇可以在海洋上长时间航行。有人会担心:舰上的核反应堆会泄漏,甚至爆炸吗?专家的回答是:这种可能性很小。因为在核动力舰艇设计时,已充分考虑到这个问题,为舰艇发生触礁、战斗受损等异常情况采取了多层次的保护措施,可以使核反应堆紧急停止工作,并将放射性物质阻留在安全屏障之中。2000年8月12日,俄罗斯海军核潜艇"库尔斯克"号受创沉没后,直到2001年被打捞出水,也没有发现艇上的放射性物质外泄。当然,如果核动力舰艇遭到毁灭性攻击,舰内各种设施被严重破坏后,就难保核放射性物质不泄漏。但是,不会像核弹头那样发生大爆炸,因为核爆炸还要有其他一些条件。

47. 航空母舰有哪些"贴身保镖"?

美军的航空母舰编队之所以耀武扬威,到处充当世界宪兵,就是因为它像陆地上的集团军一样,是有很强战斗力的多兵种部队。在通常情况下,一个航母编队由约13艘~20艘各种不同用途的舰艇编成。以常规动力航空母舰编队为例,它包括1艘常规航母,四周配有2艘导

美国的航空母舰编队

弹巡洋舰、2艘导弹驱逐舰、4艘~6艘导弹护卫舰,水下还配有2艘攻击型核潜艇,以进行护航。另外,还有1艘~2艘高速补给舰和加油船以保证中途补给。可见,它的排场和派头之大。

48. 为什么称航空母舰是海军武器装备最高水平的缩影？

航空母舰除了有上述众多的舰艇保护它之外，还与舰载机一起组成四道警戒圈。第一道警戒线是作战半径达700千米的高性能的"雄猫"、"鹰眼"等歼击机和预警机，这是航母的最外一道轮形防线。航母编队的第二道防线是由A-6"入侵者"、A-7E"海盗"和A/F-18"大黄蜂"战斗攻击机构成，它们的防卫半径为150海里，主要用于探测和打击第一道防线漏网的目标。航母的第三道防线由伴随护航的导弹驱逐舰和导弹护卫舰。它们具有较强的对空、反潜和对付水面目标的能力，是航母的开道舰。在航母的后侧有导弹巡洋舰和导弹驱逐舰，主要担任航母编队的中程对空防御和远程对舰攻击。航母编队还有第四道防线，它是由航母和护航军舰上的近程武器系统、电子对抗和发射诱饵弹等设备组成。

如此大纵深、多层次的环形防卫，就好比一座可以移动的能攻能守的海上城堡。因而，它被称为海军武器装备最高水平的缩影。

49. 世界上最大的航空母舰是哪几艘？

目前世界上最大、技术最先进的核动力航空母舰，是美国海军"尼米兹"级的"林肯"号、"华盛顿"号、"斯坦尼斯"号、"杜鲁门"号和"里根"号。

根据外刊记载："林肯"号等的满载排水量达10.2万吨。它们的吨位不仅远远超过常规动力重型航空母舰，而且与已建成的前三艘"尼米兹"级核动力航空母舰（"尼米兹"号、"艾森豪威尔"号、"文森"号)的满载排水量(约9.14万吨)相比,要大近1万吨!比"尼米兹"级4号舰"罗斯福"号大5000吨。因此,它们当之无愧地成为世界上最大的航空母舰。

"尼米兹"级航空母舰"罗斯福"号

"林肯"号等的飞行甲板长约338米,宽约78.33米,相当于3个多足球场大。从龙骨到桅顶高76米,相当于一幢20余层楼房高。

"尼米兹"级核动力航空母舰采用2座A4W/AIG型冷却压水核反应堆,可驱动4台汽轮机,功率达28万马力,航速30节以上。核反应堆预计可持续使用15年,续航力可达80万海里～100万海里,相当于绕地球三四十圈。

"尼米兹"号有舰员3136人,其中军官155人;航空联队人员2800人,其中军官为366人;总计约为6000人。"林肯"号等的舰员还要多一些。

50. 为什么美国会成为"超级航母大国"?

千机大编队

历史上共有350多艘航空母舰问世(含水上飞机母舰和两栖攻击舰)。其中,美国就曾建过208艘,超过总数的一半。美国所造的航母中,包括舰队航母43艘、核动力攻击航母10艘、轻型航母11艘、护航航母86艘、两栖攻击舰18艘、训练航母2艘。此外,还在第二次世界大战中支援给英国38艘护航航母。在太平洋战争爆发前,美国虽然编有8艘航母,但对航母并不太重视,仍以战列舰作为海军的主力。可是,日本用航母的舰载机突袭了珍珠港,使美国海军蒙受了惨重的损失。特别是美国太平洋舰队的8艘战列舰中,有1艘被摧毁,3艘被炸沉,3艘受伤,仅有1艘因为在修而躲过一劫。这以后,美国转变了"战列舰制胜"的旧思路,动员众多船厂大造航母。美国的航母也成为击败日本海军的主力战舰。战争结束时,美国在役的航母竟达98艘之多。在日本投降仪式上,500架美、英等国航母的舰载机升空和500架陆基飞机共同编队,飞翔在日本东京湾上空,庆祝击败日本军队的伟大胜利,蔚为壮观。

51. 美国的新一代航母CVN-21比现"尼米兹"级有哪些提高?

2008年9月10日,美国海军授予诺斯罗普·格鲁曼公司51亿美元合同,用于开始美国新一代航空母舰CVN-21级首舰"福特"号的建造,计划于2014年交付美国海军。"福特"号成为美国近40多年来新一代核动力的航母的首舰。

"福特"级(CVN-21的通称,首船是"福特"号)总长332.8米,宽40.8米,飞行甲板宽78米,满载排水量约10万吨。"福特"级与"尼米兹"级相比,作战能力将有较大改善,如飞机弹射能力将提高25%,这是因为采取了最引人关注的电磁弹射装置的原因。电磁弹射装置由线性感应电机、电气交换装置、发电蓄电装置及控制装置组成,该装置与"尼米兹"级航母装备的蒸汽弹射装置相比,它可以很方便地切换相应飞机的最佳弹射速度,因而减少了损耗,也减轻了飞行员的负担,而且还可以弹射机体较轻的无人舰载机J-UCAS。

"福特"级虽与"尼米兹"级的排水量大致相同,但舰上的总人数要比"尼米兹"级减少19%,由此可以看出它的综合先进程度。

52. "基辅"级航空母舰有什么主要性能?

"基辅"级航空母舰首制舰是"基辅"号,舷号051,1975年首次与公众见面,该级舰共有4艘,其余3艘是:"明斯克"号、"新罗西斯克"号、"巴库"号,标准排水量为3.2万吨。前苏联海军长期坚持近海防御的发展战略,直到20世纪60年代才逐步向远洋进攻过渡和转变。"基辅"级航母是继20世纪60年代"莫斯科"级直升机母舰之后发展的载机量较大、较为正规的中型航母。"基辅"级航母与西方航母设计的思想有很大区别,它集航空母舰与巡洋舰于一体,除装备防空导弹外,还装有反舰导弹、100毫米炮、鱼雷、深水炸弹等多种反舰、反潜武器,而且载弹量大。但是,由于在设计和建造初期存在一些问题,"基辅"号很少编入作战序列。该舰级第4艘"巴库"号(后改为"戈尔什科夫"号)作了重大改进,满载排水量4.04万吨,可载12架垂直/短距起降战斗机和14架直升机。"基辅"号和"巴库"号曾布署在北方舰队。

53. "无敌"号航空母舰能否无敌?

"无敌"级轻型航母的设计从1962年开始。在此过程中,对其使命任务、作战效能和设计方案存有争议,历时10年才最后确定方案。首舰"无敌"号于1973年开工,1980年7月服役。目前该级舰现役3艘,满载排水量2.06万吨,编制可载"海鹞"飞机9架、"海王"反潜直升机9架、"海王"预警直升机3架。该级航母机动灵活,有一定制海、制空能力,造价仅为"尼米兹"级舰的十分之一。

首舰造价 1.845 亿英镑,后续舰于 1982 年和 1985 年服役,造价 3 亿英镑。

1982 年 4 月英阿马岛冲突之前,英政府曾宣布将"无敌"号出售给澳大利亚。战争爆发后,该舰搭载 30 余架"海鹞"、"鹞"式垂直/短距起降飞机和直升机,并作为指挥舰赴南大西洋作战。由于该舰在战争中经受了考验,并起到了重要作用,英国政

英国"无敌"级航空母舰

府取消了出售的决定。另外,英国除了现役中的 3 艘"无敌"级航母,还有一艘由商船改造成的"百眼巨人"号航母训练舰。

54. 法国的航空母舰为什么能后来居上?

法国是目前世界上居美、俄之后有重型航空母舰的少数国家之一。"戴高乐"级首制舰"戴高乐"号(原名"黑舍利厄"),舷号 R91,系重型核动力航母,1987 年开工,预计 2000 年服役。自第二次世界大战后,法国航母发展久无突破,开始是租赁,后来通过研制直升机训练舰和轻型航母找到了新的途径,此舰的建造就是一个新的起点。"戴高乐"级航母标准排水量 3.66 万吨,满载排水量 4.055 万吨,主甲板长 261.5 米,宽 64 米,航速 28 节,马力 8.2

万,编制舰员1150人,航空兵550人,舰载机40架。该舰采用斜角飞行甲板,可供新型固定翼飞机直降,并将携载现役的"超军旗"攻击机和"阵风"战斗机及E-2C预警机,造价为139亿法郎,后继舰于1990年开工,造价为100亿法郎。

55. 印度有什么样的航空母舰?

印度是亚洲屈指可数的有航母的国家之一,但它的航母性能稍逊于欧美的海军强国。在印度海军服现役的两艘航母:一是"维莱特"号航母(原英国"竞技神"号),舷号R22,1955年服役,此后经历多次改装,1971—1973年改装成两栖攻击型航母,1976年改装使其具备了反潜能力。1980—1981年再次改装,装设了滑跳式飞行甲板,开始搭载垂直/短距起降飞机。1982年参加马岛海战。1986年5月,印度以6000万英镑的价格购进了该舰,并投资1500万英镑在英国特文波特船厂进行了改装和全面大修。该舰标准排水量2.39万吨,长226.9米,宽48.8米,吃水8.7米,航速28节,舰载机主要是"海鹞"垂直/短距起降飞机和"海王"直升机,导弹改装后采用苏制防空导弹。二是"维克兰特"号(原英国"大力士"号),标准排水量1.6万吨,长213.4米,宽24.4米,吃水7.3米,航速24.5节,载14架"海鹞"式飞机和"海王"式直升机。这艘舰现已退役。印度正计划外购或自建新的航母。

56. 现今世界上最小的航空母舰是哪一艘?

目前,世界上最小的航空母舰是泰国的"差克里·纳吕贝特"号。这艘航母是泰国于1992年向西班牙订购

的。建造时,参照了西班牙现有的航母"阿斯图里亚亲

泰国的"差克里·纳吕贝特"号航母

王"号,但排水量小了三分之一,仅有 1.1485 万吨,舰上只能搭载 12 架 AV-8S"斗牛士"垂直短距起降战斗机和 14 架"海王"直升机。

57. 航空母舰的高技术武器攻击力有多强?

现代化的高技术武器装备使航空母舰编队具有水下、水面、空中、陆地多层次攻防能力。航空母舰编队的反潜作战半径是 1000 千米,其中舰载 MK-46、MK-48 鱼雷是 5 千米~9 千米,"阿洛斯克"反潜导弹是 10 千米,反潜直升机是 60 千米~100 千米,S-3A"北欧海盗"式反潜巡逻机是 1000 千米。水面控制半径是 700 千米,其中"鱼叉"导弹是 110 千米,"战斧"反舰巡航导弹是 700 千米,F/A-18

舰载机挂的导弹

战斗攻击机是555千米,A-6"入侵者"全天候攻击机是300海里~400海里。空中直接控制半径是400千米,除了近程防御的导弹和火炮外,F-14、F/A-18的"不死鸟"、"响尾蛇"空对空导弹是400千米。攻击陆地半径是2500千米,其中,大口径炮是50千米,F/A-18"大黄蜂"是370千米~555千米,A-6攻击机是555千米~740千米(空中加油1500千米),BGM1-109A型"战斧"攻击型导弹是2500千米。

如此强大的攻击能力,是其他任何海战武器系统无法与之比拟的。

58. 水下航空母舰将"驶"向哪里?

建造水下航母并不是现在才提出的奇想,早在第二次世界大战中,日本人已作了尝试,制成了一种水下神秘巨舰。

1945年5月,日本海军司令部提议建造巨型潜艇,以携带水下攻击机,攻击敌方军港及重要设备。这种特殊的潜艇,后来被命名为伊400级,共造出3艘。它的标准排水量为3520吨(水上),每艇可载"晴岚"水上飞机3架,准备对美国西海岸进行攻击,只是由于日本投降才中止。

现代科技的发展,使建造成水下航空母舰条件日趋成熟,具体表现在:

首先,新型核反应堆技术为水下航母的发展提供了有效的动力。现在潜艇的核反应堆已发展了多种类型,在其功率不断提高的同时,安全性也不断增强。

其次,现代巨型潜艇的发展,为水下航空母舰提供了宝贵的经验。前苏联"台风"级导弹核潜艇排水量近3万吨,已接近中型航母。

再次,舰载装备的发展,为水下航母提供了适用的打击手段,其中折叠飞机将成为水下潜艇搭载飞机的最好选择。

可以预见,在21世纪,这种新舰种将正式问世,并成为未来海战的主力。

59. 最早的铁甲巡洋舰是怎么诞生的?

在木质风帆战船时代,人们把三桅、装有火炮38门~50门、专用于巡逻或侦察的快战船称作巡洋舰。当时,巡洋舰一般是独立执行任务的,不列入战列队形。

西方早期的铁甲舰

历史上著名的木质风帆巡洋舰有英国的"马其顿"号和美国的"宪法"号等。1861—1865年美国南北战争期间,南军将13艘称为巡洋舰的武装船用以破坏交通运输线,袭击北军的商船队。在这次战争期间,出现了一种新式装甲舰。该舰舰体露在水面部位很少,船舷水线以下部分、甲板和中央旋转炮台,均用铁板包裹,使炮弹难以打穿。这种装甲舰,便是近代巡洋舰的前身。到了19世纪末,作战舰艇的一般等级已渐趋分明,巡洋舰才发展成为专门的正式舰种。

60. 巡洋舰在海战中列在什么阵位?

在军舰的家族中,巡洋舰位居"老三",仅次于航空母舰和战列舰。

在战列舰主宰海洋的岁月里,巡洋舰甘当战列舰的"耳目"和"手足"。它速度快,装甲轻,巡航半径大,担负着侦察、巡逻、掩护战列舰行动、打击敌方舰船等任务。当航空母舰取代战列舰称霸海洋之后,巡洋舰又担任了航母的"卫士",在编队中防空、反潜,还可以对舰、对陆地作战,有时也可担任舰队或编队旗舰,是集多功能于一身、战斗力很强的水面战舰。

61. 巡洋舰分几种类型?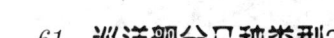

昔日,根据巡洋舰的排水量和所担负的任务可分为3种类型:重巡洋舰、轻巡洋舰和辅助巡洋舰。

重巡洋舰排水量1万吨以上,航速32节~34节,续航力达1万海里以上,具有良好的耐波性。主炮口径在203毫米以上,有8门~9门,用来消灭敌人的巡洋舰和中小型舰艇。

轻巡洋舰排水量1万吨以下,航速35节,续航距离1万海里,主炮口径152毫米,有6门~12门,用来消灭敌

北洋水师"海圻"号巡洋舰

人轻型舰艇和攻击陆上目标。

辅助巡洋舰,多半由快速商船和辅助舰船改装而成,它的排水量从几千吨到上万吨,主炮口径在152毫米以下,主要用于护航,保护己方海上交通线。

进入现代,巡洋舰的武备发生了很大变化,功能亦向多样化方向发展。现代巡洋舰按其排水量的不同,也可分为轻型导弹巡洋舰和重型导弹巡洋舰;按动力可分为常规动力巡洋舰和核动力巡洋舰。

62. 香港是在哪艘军舰上被割让的?

提起香港的被割让和回归,中国人都感慨万分,可是你们知道割让香港是在哪艘舰上签字的吗?

"康沃里"号是英国在鸦片战争后期侵华部队总司令兼侵华舰队司令威廉·巴尔克海军少将的旗舰。它是英国1751吨"复仇"级风帆巡洋舰,于1809年在印度巴纳德·德特福船厂开工建造,1812年下水。它被编入英国驻印度舰队,是英国对亚洲进行殖民侵略的重要工具之一。

英"复仇"级风帆巡洋舰

"康沃里"号的名称来源于英国海军的一名重要将领。查尔斯·康沃里(1756—1805年)曾参加过英法7年战争等多次大战。1776年,他率军到美国镇压华盛顿领导的起义军,任入侵美国的英军副总司令,他的部队打了几次胜仗,使他十分得意。可是后来却每况愈下,被迫于1781年10月率部投降。这就是美军战史中有名的"约克敦大捷"。康沃里还曾任过印度、爱尔兰总督,血腥镇压过当地人民的反抗,被英女王授予勋爵。"康沃里"号巡洋舰正是以这名英国殖民强盗的名字命名的。1842年英国发动了侵略中国的鸦片战争,8月29日英国逼迫清朝政府在"康沃里"号的会议厅签订了包括割香港、赔款2100万两白银等内容的《南京条约》,更是为该舰增加了更大的罪行。

63. 甲午海战对巡洋舰产生了什么影响?

在1894年的中日甲午海战中,双方舰队除了作为核心的少数战列舰之外,多数是铁甲巡洋舰。这是一场具有特殊意义的海战。它表明了舰队编成密集纵列后,具有使火炮集中的优越性。尽管战列舰不易受到较小舰船的伤害,但它的速度过慢,追赶不上巡洋舰。因此,军舰由此开始分化成战列舰、重型巡洋舰和轻型巡洋舰3类。巡洋舰的特点和任务就更加明显了。

64. 第一次世界大战后问世的巡洋舰有什么显著特点?

第一次世界大战后,巡洋舰有了进一步发展。

一是继续发展重型巡洋舰。《华盛顿协定》严格限制了战列舰的建造数量,导致了一些国家转而多建造重型巡洋舰。重巡洋舰的排水量都在1万吨左右,火炮口径203毫米,有一定装甲防护,被称为"袖珍战列舰"。

二是提高航速。由于采用了高张力钢和轻金属的骨架,减轻了船壳重量,大大提高了巡洋舰的航速。日本7100吨的"古鹰"型巡洋舰航速达34.5节,意大利建造了40节高速度的3686吨轻巡洋舰。

三是注重了装甲防护。这是吸取战争初期的教训,在船体的坚固性、侧舷装甲和水下防护方面都作了改进。

四是攻防平衡。特别加强了对空和对潜防御,装备了多管的自动炮和先进的声呐与深水炸弹,从而在大战中充分发挥了不可或缺与替代的作用。

65. 现代巡洋舰担负什么作战任务?

现代巡洋舰在海战中担负着十分重要的任务,主要有以下五方面:

一是对岸攻击。现代巡洋舰装备对地巡航导弹,可以用来摧毁陆地的军事设施、交通枢纽、指挥中心。在海湾战争中,美国的"提康德罗加"级导弹巡洋舰就对伊拉克实施了强有力的对岸导弹攻击。

美国"弗吉尼亚"级导弹巡洋舰

二是对空防御。现代巡洋舰装备几种型号的对空导弹,还装备"密集阵"和"宙斯盾"防御系统,用以打击突破舰载机防线的敌机。

三是反潜。现代巡洋舰大都装载反潜直升机,装备反潜导弹、深水炸弹、反潜鱼雷等攻潜兵器。直升机和巡洋舰上装备先进的声呐设备,用来搜索大洋深处的潜艇。

四是对舰攻击。现代巡洋舰装备威力强大的舰对舰导弹,可对敌方包括航空母舰在内的各种舰艇实施导弹攻击。

五是担任旗舰。现代巡洋舰广泛应用了卫星和电子计算机技术,拥有各种先进的电子设备,装备舰艇指挥控制自动化系统及电子对抗系统等,可担任编队旗舰。

66. 巡洋舰怎样朝多功能化方向发展?

进入 20 世纪 80 年代以后,巡洋舰向多功能方向发展,出现了一代新舰:美国的"提康德罗加"级巡洋舰、前苏联的核动力巡洋舰"基洛夫"级、常规动力"光荣"级巡洋舰,都代表了当今世界巡洋舰的最高水平。一般巡洋舰排水量都在1万吨以下,但是,"基洛夫"级满载排水量却达到2.8万吨,是当今世界最大的巡洋舰。这些巡洋舰虽然貌不相似,但有一个共同的特点,它们都不再是执行专门任务的巡洋舰了,而是担负起对海、对空、对陆、反潜的全面作战使命。它们装备了多种型号的导弹,攻击力得到空前的提高;它们广泛应用了卫星和电子计算机技术,具有完善的通讯指挥系统;它们都装备了可以快速反应、能同时对付一二十个目标的导弹垂直发射系统。虽然,它们的主要使命之一是为航空母舰执行护航任务,但在战斗中它们显然不只是作为一个配角出现的,特别是当以巡洋舰为核心组成海上独立作战编队时,它将会大显身手。毫无疑问,当今的巡洋舰已是除航空母舰之外,战斗力最强的水面舰艇。

67. 第一艘核动力巡洋舰是哪个国家制造的?

1957年12月,美国开始建造核动力巡洋舰"长滩"号。这是世界上第一艘核动力水面舰艇,也是第二次世界大战以后美国建造的第一艘新式巡洋舰。该舰排水量1.7万吨,以20节速度可连续航行16万千米。它可以与核动力航空母舰协同作战,成为航空母舰警戒舰艇的核心,能够远离基地,长期在海上活动。20世纪60年代,美国第一艘核动力巡洋舰"长滩"号与第一艘核动力航母"企业"号、第一艘核动力驱逐舰"班布城奇"号,编成世界上第一支核动力特遣舰队作环球航行时,中途不需要进行燃料补给。

68. "当代最先进的巡洋舰"有什么装备?

"提康德罗加"级巡洋舰被誉为当代最先进的常规动力巡洋舰,具有划时代的战斗力和生命力。它是美国首次装备"宙斯盾"系统的舰艇,是美国为解决航空母舰对空防御而设计制造的。该舰满载排水量9600吨,标准排水量7260吨,舰长172.5米,4部燃汽轮机马力8万匹,航速30节以上。如果以20节航速航行,续航力6万海里。该舰装备的攻防火力都很强,安装两座MK-41导弹垂直发射系统。两个导弹库按垂直发射方案,可装导弹122枚。舰尾有两座四联装"鱼叉"反舰导弹发射架。

"提康德罗加"级巡洋舰

该舰以装备当今世界最先进的"宙斯盾"系统令人注目。"宙斯盾"系统的特点是反应极快,具有搜索、跟踪和制导等多种功能,并能同时跟踪和处理空中、水面或水下近百个目标,是目前任何其他作战系统所望尘莫及的。

69. 当今世界上威力最强的巡洋舰是哪一艘?

俄罗斯"基洛夫"级导弹巡洋舰是目前世界上武器最强大的水面舰艇。它的标准排水量2.4万吨,采用了核动力,配备了导弹、反潜武器和舰炮。导弹有:12座SA-N-6型远程舰对空导弹8管垂直发射装置(配弹96枚)、2座SA-N-4型近程舰对空导弹双联装发射架(配弹40枚)、20座SS-N-19反舰导弹垂直发射装置(射程500千米,配弹20枚);反潜武备有:1座双联装SS-N-14反潜导弹发射装置(配弹8枚～12枚)、2座5联装533毫米鱼雷发射管、1座12联装RBU6000反潜火箭发射装置和2座6联装RBU1000反潜火箭发射装置。此外,还有2门100毫米自动炮和8座30毫米6管自动炮,并装备直升机3架。

70. 哪一艘舰打响了"十月革命"的第一炮?

"阿芙乐尔"的意思是呼唤黎明的司晨女神奥罗拉。而"阿芙乐尔"号巡洋舰是前苏联人民的骄傲,你知道这是为什么吗?

该舰于1900年5月在彼得堡造船厂下水,排水量6731吨,参加过1905年的日俄对马海战。

1917年2月28日,"阿芙乐尔"号上的水兵在苏联革命党人的领导下,夺取了军舰。此后,该舰一直拒绝执行资产阶级临时政府的命令。同年11月6日夜,根据革命党指示,"阿芙乐尔"号开往彼得堡郊外的尼古拉耶夫大桥水面,并派水兵占领了大桥,掩护工人赤卫队通过大桥浩浩荡荡地向市区开进。11月7日晨,"阿芙乐尔"号军舰上的电台向全世界播发了俄国革命军事委员会的通告和列宁的《告俄国公民书》。也是这条军舰于当晚21时45分,用空炮弹发出攻打冬宫的信号,这也是正式发动

"十月革命"的信号。

1948年11月,苏联政府决定将"阿芙乐尔"号巡洋舰永远停泊在涅瓦河上。1957年11月,"阿芙乐尔"号上建立海军博物馆分馆,供人们参观。同时,"阿芙乐尔"号还列为纳希莫夫海军学校的训练舰。

71. 日舰"出云"号在中国犯下了什么罪行?

"出云"号是1900年9月由英国制造的日本海军的重巡洋舰,排水量9826吨。

日本海军"出云"号巡洋舰

它参加过日俄海战。在1932年初日军第一次大举侵犯淞沪的战争中,作为日本海军第三舰队司令野村吉三郎中将的旗舰,指挥作战。此后,根据"停战协定",日本陆军从淞沪撤兵回国,但日本海军仍以"保护侨民"为由,在上海驻扎,"出云"号仍旧在中国海域上巡逻。

1937年8月13日,中日军队在上海展开激战时,"出云"号又成为日军第三舰队司令长谷川清中将的旗舰,自然也成为中国军队攻击的首选目标。自8月14日起,中国空军多次袭击黄浦江上的"出云"号,但因"出云"号舰上防空火力很强,钢板厚(舰舷178毫米,炮塔152毫米,甲板63毫米),加上中国飞机扔下的炸弹威力小,未能奏效。8月16日夜,中国海军的"史102"号鱼雷快艇避开了日军巡逻舰艇,穿过江中多道封锁线,冲到南京路外滩,向300米外的"出云"号急射2枚鱼雷。但因"出云"号周围布设了防雷网,剧烈的爆炸只将挂防雷网的驳船炸毁,"出云"号仅受微伤。然而,中国海军这次突袭使长谷川清等日军将领大吃一惊。"出云"号不敢再在黄浦江上停泊,匆匆开往吴淞口。长谷川清继续在舰上指挥对中国的侵略战争。"出云"号多次重炮轰击我国城乡,给中国人民生命财产造成重大损失。

1942年,"出云"号被改为教练舰。1945年7月24日,在美军大机群的轰炸下,"出云"号在日本吴港高须滨被炸沉,最终结束了它罪恶的一生。

72. 光荣起义的"重庆"号是什么军舰?

"重庆"号是在第二次世界大战之后,英国政府名为"赠送"、实际是为了赔偿港英当局在抗日战争中征用中国海关6条巡逻船而"顶账"过来的。它是当时中国最大的军舰。它的原名叫"震旦"号,于1936年9月完成,属于轻巡洋舰,标准排水量5274吨,满载排水量为7500吨,全长153米,宽15.2米,主机马力6.4万,最高航速30节,续航力4000海里。装备双联装152毫米主炮3座,双联

"重庆"号巡洋舰

装102毫米副炮4座,均能自动装填炮弹,还有40毫米高射炮2门和双联装20毫米高射机关炮3组。军舰左右舷共装有533毫米鱼雷发射管6门,舰首设有防御水雷的扫雷具两套,并有磁性水雷防护电网,舰尾设有攻潜的深水炸弹发射架两具。它在20世纪30年代是堪称一流的巡洋舰。1949年2月25日,"重庆"号在吴淞口起义后开赴解放区烟台,后遭国民党空军B-24重轰炸机狂轰滥炸受伤,自沉于葫芦岛。1951年被打捞出水,由于当时修船技术条件和经费等原因,无法进行全面修复而报废。

73. 巡洋舰会不会走下坡路?

第二次世界大战硝烟散尽,战列舰纷纷退役和封存,一些国家在建的巡洋舰也停止了建造,大批巡洋舰亦开始退役。巡洋舰是否也会像战列舰一样走向衰落,人们拭目以待。实践表明,巡洋舰因为速度快,武器装备多样化、多功能,不是像战列舰那样完全依靠铁甲重炮,所以它没有与战列舰一样走向衰落,战后半个多世纪的历史证明了这一点。

美、俄等海军强国把最新的装备技术运用到巡洋舰上,使它成为水面舰艇中不可或缺的主力战舰,不仅是航空母舰最得力的警卫,而且是当今世界海军舰艇中从吨位到火力的"老二"。一艘先进的巡洋舰可以对付武器装备落后的一个舰队。

美国于20世纪80年代后期提出了21世纪水面舰艇的发展远景,其中设计了未来巡洋舰的大致发展方向:

一是以隐形技术,建造"看不见的军舰"。这就包括改变舰体形状,多采用吸波材料,减少红外线辐射和噪音辐射等。

二是应用新概念武器,提高攻防能力。即应用粒子武器、激光武器、电磁炮等。

三是运用高新技术,建立灵敏的"神经中枢"。即运用卫星导航、人工智能等高新技术,使用超高频和特高频卫星通讯系统,采用"神经计算机"处理各种信息,用于作战指挥。

因此,未来的巡洋舰还是大有发展前途的。

74. 驱逐舰如何应运而生?

生气勃勃的鱼雷艇的艇体小、速度快、破坏力大,特别是在夜间袭击临近海岸的敌方大型军舰效果显著。它的出现,对大型军舰造成巨大威胁。于是就有人提出建造一种新型舰艇的建议。换句话说,就是"高级首长"的安全受到威胁,急于寻找一个武艺高强、能有效对付"袭击者"的"警卫员"。可想而知,这种新型舰艇要求比鱼雷艇大,装备鱼雷武器以及多门中小口径炮,航速较快,在与己方的大舰一起行动并接近敌方海岸时,能用来防护己方大舰,驱逐、追捕和摧毁来袭的鱼雷艇,同时亦可用鱼雷攻击敌方大型军舰。这种新型的舰艇就是后来逐步发展完善的驱逐舰。

75. 驱逐舰是怎样走向完善的?

同一切新生事物的产生都很艰难一样,研制新舰艇的道路不是一帆风顺的。英国海军部最初尝试建造一种带鱼雷和冲角的装甲舰,让它具有足够的航速用以驱逐敌方鱼雷艇,同时装有加固的舰首冲角并装有鱼雷,用来撞毁和击沉敌舰。这种舰,英国仅建造过一艘,叫"波利费马斯"号。实践证明它是一种失败的尝试。因为它的速度比鱼雷艇慢,舰上装备的25毫米炮不能阻止鱼雷艇。后来虽然改装了较重的快速射击炮,但发射率仍较低,而鱼雷艇目标太小,在夜间不易发现,所以它无法对付敌人的鱼雷艇。直到1893年10月,英国海军才建成世界上第一艘鱼雷艇驱逐舰"哈沃克"号。它的排水量240吨,航速27节,装备1座76毫米炮和3座47毫米炮,还携带3枚450毫米鱼雷。首次出战,它就毫无困难地在海上捕捉到两艘敌方鱼雷艇。于是各国海军竞相仿效,驱逐舰就逐渐发展完善了。

76. 中国第一批驱逐舰是怎样出世的?

19世纪末,清朝海军在甲午海战中败给了日本海军,损失惨重。不少志士仁人不甘失败,提出要大力振兴海军,以雪甲午之耻。1899年和1900年,福州船政局制造的中国最早的驱逐舰"建威"号、"建安"号先后下水,1904年完全造成。两舰排水量850吨,6500马力,航速23节,舰长86米,宽8.8米,吃水3.8米,装100毫米炮1门、65毫米炮3门、37毫米炮6门及2具鱼雷发射管。在此前,清政府还向英、德两国分别购回了驱逐舰"飞霆"和"飞鹰"号。"飞霆"号排水量720吨,800马力,航速12节,装120毫米炮1门、89毫米炮3门,鱼雷管3具。"飞鹰"号排水量850吨,5500马力,航速24节,装有125毫米炮2门、37毫米炮4门,鱼雷管3具。当时,清朝海军称它们为"鱼雷快舰"或"鱼雷猎舰"。到民国以后,才逐渐改叫驱逐舰。

"飞霆"号于1900年6月在大沽口被八国联军舰队俘获。"飞鹰"号在1932年7月的军阀混战中,被广东军阀陈济棠派飞机炸沉在海南海口港。这是在军阀混战中丧失的最大的军舰。"建威"、"建安"两舰经改造后,改名叫"自强"号、"大同"号。因舰龄长和战斗力差,于1937年8月与其他40多艘舰船自沉于江阴,构成阻挡日舰西侵的封锁线。

77. 驱逐舰发展受制于哪些因素?

从第一艘驱逐舰问世以来,无论是排水量、外形、构造、武器装备和动力设备,都经历了重大的变化。

驱逐舰的演变与发展,取决于下面三个因素:动力设备、船型和武器装备。在这三方面的因素中,无论哪一个有了重大的发展与突破,都会促使驱逐舰的发展。动力设备方面早期以蒸汽机为动力,烧煤;后改为燃汽轮机,烧重油。船型方面,从短宽到瘦长,吨位从早期仅有几百吨到几千吨,并能耐风浪。武器装备方面,能足够对付鱼雷艇,并对大舰构成威胁。一个多世纪以来,设计家们都围绕这些主要因素在煞费苦心。

78.驱逐舰为何被称为"多面手"?

中国新型驱逐舰

驱逐舰自诞生后仅经过20多年,就已成为各国海军中一个很重要的舰种。不但数量多,而且战斗力强,担负的作战任务繁杂,受到各国海军的重视,在海军中的地位和作用也随之不断提高。到第一次世界大战爆发前夕,各参战国拥有驱逐舰为:英国184艘、美国181艘、德国57艘、意大利105艘、日本56艘。俄国也有4种级别的100艘驱逐舰。在各国大、中型舰艇中,驱逐舰是数量最多的一种,发挥着举足轻重的作用。第一次世界大战中海战的第一炮,就是英国驱逐舰"长矛"号打响的。

驱逐舰之所以如此,是与它的优点分不开的。战列舰和巡洋舰是"王牌",交战双方都不愿意轻易拿自己的主力去冒险,使用都很谨慎。因而,很多海战任务自然就落到轻型兵力上了。驱逐舰武器装备很强,速度较快,吨位不大不小,造价又较低,能执行多种任务。所以多造这种舰,既实用又合算。第二次世界大战中,许多国家拥有大量的驱逐舰,参战国家投入的驱逐舰共有1800艘之多。驱逐舰被称为"多面手"是名不虚传的。它能执行多种战斗任务,在海战舞台上曾经大显身手。驱逐舰能对付鱼雷艇的袭击,在登陆作战中对己方登陆部队进行火力支援,封锁对方港湾;在对方舰艇的航道上或港湾口布雷以及巡逻、侦察;执行对巡洋舰以上的大型战舰的护航警戒任务;以强有力的火力进行对空防御;等等。第二次世界大战中,驱逐舰在护卫航空母舰、两栖战舰艇和海上运输队,防止空袭和潜艇攻击作战中都起过很大作用。所以它在一个世纪以来成为各国海军的发展重点之一,活跃在世界的各个大海大洋上。

79. 第一次世界大战中驱逐舰怎样大出风头?

驱逐舰在19世纪末出现时,当时就叫"鱼雷艇驱逐舰"或"鱼雷艇捕捉舰"。它的出现的确灭了鱼雷艇的威风,对保护大型军舰,如战列舰、巡洋舰免遭鱼雷艇的攻击起了很大作用。在战场上,驱逐舰经过多次同鱼雷艇的战斗较量,在多数情况下都是鱼雷艇败下阵来,沉的沉,伤的伤。所以在往后的海战场上,鱼雷艇见到驱逐舰后也学乖了,不同它硬拼,而是"退避三舍","望风而逃"了。在第一次世界大战中,可以说驱逐舰在对付鱼雷艇方面出尽了风头,这一优势一直保持到第二次世界大战初期。

80. 驱逐舰能否单独进行作战？

驱逐舰不仅能配合战列舰、巡洋舰战斗,也可单独与敌军巡洋舰、驱逐舰进行战斗。在第二次世界大战中,共有581艘驱逐舰被击沉。

1942年8月,美、日在南太平洋的瓜达康纳尔岛进行争夺战。日本搞了一个"东京快车"行动,使用驱逐舰装载人员和快速补给支援岛上部队。美国组织兵力拦击。11月30日,日本8艘驱逐舰与美国4艘重巡洋舰,3艘轻巡洋舰和6艘驱逐舰在塔萨法加附近相遇。日本驱逐舰主动向美舰攻击。战斗结果,因指挥不当,美国一艘重巡洋舰被击沉,3艘巡洋舰受重伤;而日本只有1艘驱逐舰被击沉,其他7艘安然无恙。

驱逐舰用舰炮射击

在1944年10月的美、日莱特湾海战中,美国驱逐舰曾不畏强敌,在主力军舰被日舰诱走,登陆部队在滩头遭敌军主力舰威胁的严峻关头,迎战日本的战列舰和巡洋舰,虽然损伤重大,但拖住敌舰,为夺取胜利作出了重要贡献。

驱逐舰就这样在海战中屡建战功,所以威名大振,得到人们的重视。

81. 驱逐舰为何被驱逐?

辩证法告诉我们,在一对矛盾中,矛盾的主要方面与非主要方面不是一成不变的,在一定条件下可以转化。驱逐舰对鱼雷艇的优势也不是永远不变的。第二次世界大战爆发后,舰艇的发展速度大大加快,鱼雷艇不再老是充当挨驱逐舰打的角色,它装备了功率大、重量轻、尺寸小的高速柴油机或汽油机,航速最高可达50节,充分发挥它小、轻、快、猛的优点,隐蔽突然,出敌不意,先敌发射,速战速决。反过来,驱逐舰的速度没有多大改变。这样"究竟谁怕谁"就发生了变化,驱逐舰反而成了鱼雷艇攻击的理想目标。从第二次世界大战中期以后,驱逐舰与鱼雷艇的关系调了个儿,从原来的捕捉者、驱逐者,转变为被捕捉者和被驱逐者。在战场上,驱逐舰见到鱼雷艇也要"三十六计走为上"了。

82. 第二次世界大战中建造的驱逐舰有哪些改进和提高?

科技的进步为舰艇的建造提供了有利条件,第二次世界大战中建造的驱逐舰在以下几个方面有了改进和提高:

一是进一步提高鱼雷、火炮和反潜武器的性能。例如,提高鱼雷的速度、装药量和航程,提高火炮的发射率、射程、爆炸力和命中率，提高深水炸弹的投放率和命中率，等等。

二是进一步提高动力装置的性能，以提高航速和续航力。

三是提高舰艇的生存能力。如重要部位增设局部装甲，提高舰艇的抗沉性等。

四是改善舰员的生活条件。如提高住舱的人均居住面积和空间，增加生活设施等。

英国的"种族"级驱逐舰

在第二次世界大战中，由于驱逐舰的战术技术性能不断提高，新造的驱逐舰排水量也在不断增大，分别出现了美国的"弗莱彻"级（2110吨）、英国的"战斗"级（2325吨）、日本的"秋月"级（2701吨）等大型驱逐舰。

83. 现代驱逐舰在海战中扮演什么角色？

被称为"多面手"的驱逐舰用途广泛，担负的海上作战任务也越来越多，主要有以下六项：

一是作为航母编队的重要组成部分,担任航母编队的防空和反潜护卫任务。

二是作为水面作战编队的重要成员,协同其他舰艇防空、反潜和对海攻击。

三是作为两栖编队的主要护航兵力,担负编队的防空和反潜护卫任务。

四是参加海上补给编队和运输船队的护卫,并可担任护卫舰艇的指挥舰。

五是在两栖作战和登陆作战中实施火力支援。

六是海上巡逻、警戒、搜索、封锁、救援和保护200海里经济区等。

新型驱逐舰如繁花竞放,在广阔的海洋上一展英姿。由于担负这么多的任务,所以世界各国海军都有大量的驱逐舰。

84. 现代驱逐舰分几种类型?

由于各国海军战略、任务、规模、实力等具体国情的不同,不同国家海军的驱逐舰在执行任务时的侧重点也有所不同。例如,对美国来说,为航空母舰编队护航是美国驱逐舰最主要的任务;对日本海军来说,驱逐舰是日本4个护卫编队的主力,也是日本海军水面舰艇的核心力量;对中国海军来说,驱逐舰是最大的水面舰艇,当然成为海军主力;对荷兰海军来说,驱逐舰主要担负荷兰海军护航编队的指挥舰及编队的防空任务。

根据驱逐舰上武器装备的侧重面不同,可区分为反潜型、对空(防空)型、对海型和多用途(通用)型4种。根据舰上动力不同,又可分为常规动力驱逐舰和核动力驱逐舰。根据主要武备不同,还可分成火炮驱逐舰和导弹驱逐舰。

85. 为什么"现代"级导弹驱逐舰被称为"航母克星"?

据一些外国报刊报道,中国向俄罗斯购买了"现代"级导弹驱逐舰。一石激起千层浪,引起了人们对"现代"级的极大关注。

"现代"级是前苏联为了对付美国的航母优势,于20世纪80年代推出的新舰种。"现代"级满载排水量7900

"现代"级驱逐舰

吨,最大航速32节,最大续航7000海里,装有2座四联装SS-N-22舰对舰导弹发射装置(带弹8枚)、2座双联装SA-N-7舰对空导弹发射装置(带弹48枚);装有2座双联装鱼雷发射管、6座6管反潜火箭发射装置、2座双联装130毫米主炮、4座30毫米6管近防炮;还搭载1架直升

海军兵器

机,舰上的 15 部雷达和其他电子设备也很先进。舰上所装的 SS-N-22 导弹是当今性能最先进,航速最快的超低空导弹,它的最大航程为 550 千米,最大航速可达 2.5 倍音速,弹头内装 227 千克高爆炸弹或核装药,被西方国家视为打击航母的"杀手锏"。

86. 驱逐舰与驱逐领舰有什么区别?

驱逐领舰顾名思义,是驱逐舰的领袖,即率领驱逐舰编队进行作战的驱逐舰。它的排水量较大,一般在 5000 吨以上。武器装备比驱逐舰更强,装备有 130 毫米口径主炮 3 门~5 门和中小口径炮 10 余门,以及鱼雷、水雷和深水炸弹等。从第一次世界大战末期起,美国开始建造驱逐领舰,各国海军也相继建造。至 20 世纪 60 年代末,多数国家不再使用驱逐领舰的名称,有的划入驱逐舰的序列;有的划入巡洋舰的序列。1975 年美国将"班布里奇"号驱逐领舰改称核动力导弹巡洋舰。从此,驱逐领舰便成为历史上一个舰种的名称。

87. 现代驱逐舰有哪些主要特点?

驱逐舰作为当前世界各国海军中数量最多的军舰,有以下明显的特点:

其一,导弹已成为水面舰艇的主要武器,舰炮的作用仍十分显著。舰载导弹因具有射程远、精度高和威力大等特点,现已取代了舰炮和鱼雷在驱逐舰中的统治地位,成为驱逐舰的主要武器,使作战威力大大提高。1953 年,美国造出了世界上第一艘装有"鞑靼人"导弹的 5000 吨驱逐舰"米彻尔"号。

其二，直升机上舰，使单舰战斗力大大提高。舰载多用途直升机能完成中远程预警、中继引导、搜索和攻击潜艇、攻击水面舰艇、海上救护、垂直补给等多种任务，使驱逐舰更具有威力。

其三，电子设备的种类和质量已成为衡量现代驱逐舰战斗能力的一个重要标志。即各种雷达、声呐、光电、通信、导航设备、武器的指挥和控制系统、电子战系统，各种机械的遥控设备，等等，对驱逐舰的战斗力影响巨大。

其四，动力装置燃汽轮机化，舰艇自动化程度和生存能力不断提高。

其五，重视隐身技术，提高"安全性"。隐身技术包括降低噪音、雷达散射截面积、红外线辐射等方面。

88. 现代驱逐舰有哪些舰炮？

从前，各国海军中的舰炮有百余种，型号繁多，口径从20毫米至460毫米。现代驱逐舰装备的较大口径的舰炮为130毫米炮、127毫米炮、120毫米炮、114毫米炮等几种。

中口径炮具有用途多、综合性能好的优点，正在越来越多地受

到各国海军的重视。型号有100毫米和76毫米两种,用于对空、对海密集射击。

小口径炮发展更为迅速,典型的有美国的MK-15 6管20毫米"密集阵"、荷兰的7管30毫米"守门员"、意大利的2管40毫米"达多"、西班牙的12管20毫米"梅罗卡"、法国的7管30毫米"萨莫斯"、英国和意大利联合研制的"海眼镜蛇"以及俄罗斯的AK-630 6管30毫米舰炮系统等。

89. 现代驱逐舰将如何演变?

驱逐舰从诞生以来已有100余年的历史。近来有了一些新的船型,它们可以作为未来驱逐舰的新舰型。一种是侧壁式气垫船,即在底部两侧装有长长的刚性侧壁,浸入水中,首尾设有气封装置,用于封闭气垫,它用螺旋桨或喷水推进装置前进。从20世纪60年代以来,又出现了半潜船,它由上体、下体、支柱三部分组成。其中有两个下体,即有两个水下船体的双体半潜船。

在未来的驱逐舰上,舰炮主要用于防空,主战武器是导弹,直升机是重要的反潜作战武器。

从动力装置来看,常规动力是燃汽轮机,核动力用于大型驱逐舰上。

最新型、最先进的电子设备和各种高技术将普遍使用到驱逐舰上。

总之,未来的驱逐舰具有精良的武器和技术装备,使它能在未来的战争条件下进行有效的战斗。

90. 人民海军什么时候有了驱逐舰?

人民海军建立初期,主要是由国民党海军起义的一些中、小型军舰组成,没有驱逐舰。1954年和1955年,苏联原驻海参崴军港的4艘07型驱逐舰分两批作价卖给中国,这4艘舰是前苏联在1937—1941年建造成的,标准排水量2166吨,主要武器是4门130毫米主炮、4座双联装37毫米高炮、2座三联装鱼雷发射器,航速30余节。4

中国的"鞍山"号驱逐舰

艘舰被人民海军接收后,分别命名为"鞍山"、"抚顺"、"长春"、"太原"号。4舰又服役达40年后退役。现存一艘是舷号101的"鞍山"舰,停在青岛海军博物馆;另一艘是舷号104的"太原"舰,现停靠在大连老虎滩公园对面的棱角湾,供游人参观。

91. 我国是什么时候开始建造导弹驱逐舰的?

我国研制导弹驱逐舰,当时主要是为适应远程火箭试验时护航警戒的需要。第一艘中型导弹驱逐舰从1968年12月开始建造,1971年12月编入序列,代号为051型。经过反复的科学试验,不断改进完善,为后续导弹驱逐舰研制提供了重要依据。

"哈尔滨"号导弹驱逐舰

051型驱逐舰是中国自行设计制造,材料和设备全部立足国内的第一代中型水面舰艇,排水量3000多吨。它是全国20多个省市和10多个工业部门协作配合研制的成果。全舰千余项主要配套设备、几百种金属和非金属材料,由几百个工厂和研究单位研制提供。工业生产的各个领域,造船、机械、导弹、兵器、电子、冶金、石油、化工、纺织、轻工、建材等许多部门都为它的制造作出了贡献,确实可以称为中国工业发展的一个缩影。051型后来又出现了指挥型和改进型。

英国《简氏舰艇年鉴》是全世界最有权威的各国舰艇情况总汇。它称我国051型导弹驱逐舰为"旅大"级,满载排水量3750吨,全长130米,宽13.7米,吃水4.6米,蒸汽轮机动力装置、总功率7.2万马力,航速36节～38节,武器装备有2座双联装130毫米炮、4座双联装57毫米炮、4座双联装25毫米炮、2座SS-N-2型舰对舰导弹发射装置、2座大型深水炸弹投掷器、2座12管火箭式深弹发射炮、4座大型深水炸弹发射炮。装有雷达和声呐多部。这些舰经过改装后,能搭载两架直升机。近年来,中国海军又造出了052型的"哈尔滨"、"青岛"号驱逐舰,并从俄罗斯购回了"现代"级驱逐舰,使中国驱逐舰家族增加了新成员。

92. 最早的护卫舰是哪国建造的?

早在16—17世纪,西班牙、葡萄牙海军将轻快的三帆武装船称作护卫舰。1842年,英国首先将蒸汽机装在"佩奈劳普"号护卫舰上。第一次世界大战中,德国在海洋上进行潜艇战,击沉了协约国大批舰船。战争期间,不仅港口、基地需要护卫,海上运输队也需要进行护航。战争需要担任护航警戒任务的大批中、小型舰艇,于是,比驱逐舰吨位小、速度与其相当的新型护卫舰出现了。

在第二次世界大战中,海上护航的任务更为繁重。1942年,一支由35艘舰船组成的运输船队,由英国开往苏联北方港口,因受到德国潜艇的袭击,英国损失了24艘运输船只。血的教训告诉人们:没有足够的护航舰艇就要付出重大代价。于是,各国大量建造、改装护卫舰,仅英国、美国、法国、德国和意大利5国建造的护卫舰就达1800多艘。此外,从18世纪90年代就出现的炮舰曾是各国海军大量拥有的舰种。后来,炮舰逐渐融会到护卫舰中了。

93. 护卫舰在对付德国"狼群"时是怎样大显身手的?

人们都知道,狼是十分凶残、可怕的恶兽,那么,如果狼群聚集,前堵后追,那种场面煞是恐怖。在第二次世界大战中,德国海军司令邓尼茨采用潜艇的"狼群"战术对付盟国舰艇和运输船队,使盟国吃了大亏。1943年5月,德国又出动25艘潜艇故伎重演,分批向盟国大西洋中的一支运输船队进行袭击。盟国的护卫舰立即奋起抗击,先后击沉德国潜艇4艘,重创多艘。由于护卫舰周密地在运输船周围警戒、护卫,使得运输船队平安到达预定港口。在第二次世界大战中,参战的护卫舰在2000艘以上。盟军的护卫舰给了德国"狼群"很大打击,共击沉德军潜艇287艘。

94. 护卫舰的任务是什么?

护卫舰是专门用来为战斗舰艇护卫,为海上运输船队护航以及在港口、基地附近巡逻、警戒的一种战斗舰艇。它的主要任务是巡逻、警戒和护卫海上战斗舰艇、运输船队,防止敌人潜艇、鱼雷艇和航空兵的袭击;也可用来在港口、基地执行巡逻、警戒任务。第一次世界大战末期,不少参战国的海军都有这种军舰,但护卫舰得到广泛应用还是在第二次世界大战中。

95. 护卫舰的特点是什么?

护卫舰的主要特点是轻快、机动性好、造价低,能够批量生产。它的排水量在 1000 吨～3000 吨之间,航速 20 节～30 节,续航距离在 1000 海里以内。护卫舰上的动力装置,多数采用中速柴油机,也有采用燃汽轮机的。其中速度 30 节左右的是快速护卫舰,可与海上编队一起行动,担任海上舰艇编队航行警戒和战斗警戒。速度 20 节左右的是慢速护卫舰,可作为海上慢速舰船和海上运输队的警戒舰艇,也可在港口、基地和锚泊地执行巡逻、警戒任务。

海上巡逻的护卫舰

护卫舰上主炮有 2 门～4 门,口径为 76 毫米～130 毫米;副炮有 6 门～10 门,口径为 20 毫米～40 毫米,主要用于防空。鱼雷武器主要是对驱逐舰以上的中型军舰进行攻击,在较大的护卫舰上才装有 5 座 2 管～4 管的鱼雷发射装置。舰上的反潜兵器有 2 座舰艉深水炸弹投掷器以及布置在舷侧和舰首甲板上的深水炸弹发射炮和火箭弹发射装置,以用来对付水下的潜艇。现代护卫舰上装备有多种导弹武器,能对敌舰、敌机进行导弹攻击。从护卫舰上装备的武器看,护卫舰的威力还真不小呢。

96. 护卫舰是怎么进行分类的?

根据护卫舰上武器、装备及执行任务的不同,护卫舰可分为多种:专门执行防空任务的是防空护卫舰,专门执

行反潜任务的是反潜护卫舰,专门用雷达进行对空、对海搜索的是雷达哨护卫舰。此外,以导弹为主要武器的是

海上巡逻的护卫舰

导弹护卫舰。20世纪五六十年代,我国的护卫舰大都是从国民党海军起义过来的,以舰炮为主要武器,国民党海军称作护航驱逐舰和炮舰。20世纪50年代后期,从前苏联引进技术及部分材料、由上海沪东造船厂制造的4艘01型"新护卫舰"装备了鱼雷武器。到了20世纪70年代,国产的053型护卫舰都装上了导弹武器,成为导弹护卫舰。

97. 护卫艇有什么特殊用途?

护卫艇与护卫舰都担负着护卫的任务,它们的具体职责是怎样划分的呢?

如前所述,舰与艇的区分是以500吨为界。护卫艇的排水量是从几十吨到500吨以下。它的主要任务是在沿海海域或江河内进行巡逻、警戒,也可在基地、停泊场执行对空观察和巡逻警戒等任务,还可参加登陆战,运送

最初投入登陆战的登陆部队上陆,并作为近距离的炮火支援艇。护卫艇尺度小,吃水浅,航速10节～25节。有些护卫艇由鱼雷艇改装而成,速度较快。由于护卫艇海上航行性能较弱,难以在大风浪中航行,加上续航距离近,只能在近岸附近活动,要到远海活动需要其他舰艇拖带、护送所以护卫艇的作用受到限制。

98. "永丰"舰为什么会被命名为"中山"舰?

孙中山是中国伟大的民主主义革命家,他领导了辛亥革命,推翻了中国2000多年的封建专制,创立了资产阶级民主政权。可是在民国海军中,有一艘貌不惊人的780吨炮舰,却有幸以孙中山的名字命名,它就是名扬海内外的"中山"舰。

"中山"舰

"中山"舰原名是"永丰"舰。它是1910年,为了恢复甲午海战中损伤惨重的清朝海军而建的。

"永丰"舰来华后,被编入海军第一舰队,1916年6月,"永丰"舰在海军总司令李鼎新、第一舰队司令林葆怿率领下,与其他20多艘艇加入了护国舰队,这是"永丰"舰第一个革命之举。

1922年6月16日凌晨,手握重兵的陈炯明在广州叛乱,妄图谋害孙中山。孙中山化装成医生,穿巷走街,冲出了叛军的重重包围,乘"永丰"舰指挥广东军民同叛军顽强作战,直到8月9日。尤其是在进攻车歪炮台作战中,孙中山威严地屹立在指挥台上,尽管叛军炮弹多次击中"永丰"舰,弹片四处乱飞,指挥台上的一门机关炮被毁,炮手牺牲。冯肇宪舰长等劝孙中山下舱避险,但被孙中山拒绝了。水兵们见此情景,勇气倍增,奋力开炮,终于将叛军炮火压制。事后,孙中山深情地谈道:"我亲爱之海军将士,死伤各数十人,本大元帅躬与其役,睹兹惨烈,为之陨涕。我中华民国之海军,于历史著莫大之光荣者,实以是役为最。""永丰"舰正是在血与火的考验中,显示出了对革命事业的忠诚。

1925年3月12日,孙中山在北京逝世。4月13日,广州革命政府在珠江畔举行隆重的仪式,将"永丰"舰更名为"中山"舰。铜制的"中山"舰名镶嵌在舰尾两舷熠熠生辉。

99. "中山舰"是如何为国殉难的?

"中山"舰后来成为第一次国共合作时广州国民政府海军局长的旗舰。后来,海军将领、共产党员李之龙在苏联籍局长离职时代理了局长,并曾兼任"中山"舰舰长。这引起了国民党右派的嫉恨。于是,蒋介石发动"中山"舰事件,驱逐了海军中的共产党员,夺走了海军指挥权。

抗战开始后,"中山"舰勇敢地投入了对日作战。1938年10月24日,"中山"舰在武汉上游金口附近江面航行时,遭到6架日本海军飞机轮番攻击,不幸中弹沉没,舰长萨师俊及24名官兵光荣牺牲。

1997年1月28日,"中山"舰被打捞出水,经过修复后,"中山"舰将成为爱国主义教育基地供人们瞻仰。一代历史名舰,将千秋永垂华夏。

100. "紫石英"号带伤逃走意味着什么?

自从1840年以来,世界上大部分殖民主义和帝国主义国家都用舰队侵略过中国。按照西方列强的逻辑,谁的军舰大、舰炮猛,谁就应在中国得到更多的利益。150多年间,只要中国人稍有不满,列强就会出动军舰侵入中国海域和江河,将炮口对准中国城乡,或派兵上岸,动辄开炮,屠杀中国军民,制造了"万县惨案"、"南京惨案"及汉口、北海、厦门、青岛、天津、上海、广州等地的事件,有时就干脆攻占中国的领土。这就是所谓的"炮舰政策"。

然而,到了1949年,随着人民解放军在全国取得胜利,帝国主义的"炮舰政策"失灵了。"紫石英"舰遭重创后狼狈出逃,就是一个重要的标志。"紫石英"号是英国海军远东舰队的护卫舰。

1949年4月20日起,人民解放军发动渡江战役,百万雄师,直插江南广大地区。这时,"紫石英"号却依旧大摇大摆地驶至扬州三江营一带江面,对我渡江部队造成极大威胁。因此,严阵以待的我第八兵团炮兵先予以警告,向"紫石英"号前方发射2发炮弹,在江中溅起2个高高的浪柱。然而,"紫石英"号在中国江海横行惯了,不加理睬,反而一边加速前进,一边向江北开炮。见此情况,我炮兵义愤填膺,瞄准英舰集中射击,仅3分多钟,"紫石英"号就中弹30余发,指挥台及前主炮被击中,操纵系统失灵,航向偏离,在南岸边搁浅,成了死靶子。英国水兵被迫挂起了2面白旗。我炮兵也停止了射击。战斗中，英舰亡17人，伤20人。其中，舰长斯金勒被击毙，副长威士敦重伤。这一次，侵略者可在中国人面前丢脸了。

4月21日，英国远东舰队副司令梅登中将亲乘"伦敦"号巡洋舰，并率"黑天鹅"号护卫舰，从吴淞方向气势汹汹赶来。面对强敌，解放军炮兵毫不示弱，顽强地同敌舰展开激烈炮战。结果，2艘英舰也被击伤，匆匆向下游逃去。"伦敦"号舰长负伤。昔日"海上霸主"的威风荡然无存。

101. 我军的第一艘舰艇叫什么名字？

长期以来，我军只有一些木质的武装帆船。湘鄂西红军有过一艘小火轮，装上小炮取名叫"列宁"号，但没有正规的钢铁舰艇。

1947年7月的一天，人民解放军苏中海防纵队的盐阜大队一连在灌云北部的射阳河入海口发现了一艘战艇在海滩搁浅。于是，一边调集部队埋伏在海堤后边，一边写了劝降信托人送到艇上。这艘艇是国民党海军的"合永"号通用登陆艇，满载排水量300余吨，艇上有20毫米高射平射两用机关炮2门，可装运4辆坦克或200吨以内物资。这次，它在海上因追逐一艘民船而误入了浅海沙滩，无力自拔。经过争取，艇上官兵愿意投诚，从此，我军有了第一艘正规战艇。1948年4月，"合永"号在斗龙港被国民党空军飞机击沉。

1949年2月12日晚，国民党海军排水量810吨的护航舰"黄安"号从青岛开出，驶至连云港解放区，成为我军的第一艘军舰。人民海军建立后,"黄安"号改为"沈阳"号。

102. 为什么说护卫舰艇是人民海军的功臣?

护卫舰艇看起来其貌不扬,武器装备也一般。可是,正是它们,为新生的共和国立下了不可磨灭的功绩。1949年,人民海军创建之后,编制中的作战舰艇主要就是护卫舰艇,当时也将吨位稍小些的叫作炮舰(艇)和巡逻艇。1950年4月,中央军委命名的主要舰艇,除9艘登陆舰、1艘扫雷艇外,其余的就是护卫舰(7艘)和炮舰(16艘)。

中国海军自行设计建造的55甲型巡逻艇

在解放沿海岛屿和保卫祖国海防的作战中,护卫舰艇不畏强敌,敢打猛冲,屡次建立了功勋。在人民海军战史上,护卫舰艇是参战次数最多、牺牲最大的舰种。在1950年5月开始的解放万山群岛战斗中,28吨的"解放"号单艇乘黑夜冲进20多艘敌舰艇驻泊的马湾港,左右开炮,打得敌军一个舰队乱成一团。最后,"解放"号在中弹

100余处的危境中返回,创造了海战的奇迹。此外,"先锋"、"奋斗"两艇也战绩出色,击沉、俘获敌炮艇各一艘。

在解放苏南、浙东沿海岛屿的数十次海战中,出击的几乎都是护卫舰艇。1955年1月,人民解放军首次三军协同进行渡海作战,有6艘护卫舰、24艘护卫艇参战,为登陆舰船护航,并用舰炮支援一江山岛登陆作战,为胜利作出了重要贡献。

在1965年"八六海战"中,护卫艇与鱼雷艇并肩作战,一举击沉敌大型猎潜舰"剑门"号和小型猎潜舰"章江"号,取得了人民海军战史上最杰出的战果。"章江"号完全是被护卫艇炮火击沉的。"剑门"号是先被护卫艇击成重伤后,再由鱼雷艇将其送入海底的。在同年的崇武以东海战中,我护卫艇同鱼雷艇再次联手攻击,取得击沉、击伤敌舰各一艘的捷报。

翻开海军战斗英雄的纪念册,我们可以看到林文虎、赵孝庵、陈立富、王维福等著名战斗英雄,他们全来自护卫舰艇;在被命名的海战英雄舰艇中,有"头门山海战英雄艇"、"海上先锋艇"、"海上英雄艇"、"海上猛虎艇"等4艘护卫艇及1艘鱼雷艇。

103. 人民海军最早的"海战刀尖"是怎样锻造出来的?

刀尖是刀最具杀伤力的部位。"海上刀尖"正是水兵对海战中冲锋在前,与敌舰短兵搏杀护卫艇的爱称。

在人民海军创建初期,装备最多的要算护卫艇。当时也叫作炮艇、巡逻艇或巡防艇。这些护卫艇,多数只有二三十吨,仅有20或25毫米炮一两门,小的只有机枪。

其中一些只适合在江河中航行,不少已经破旧不堪。为了解放沿海岛屿,同敌舰在海上交锋,迎击敌特、海匪的袭扰,护渔护航,人民海军决心自行建造新舰艇。首先建造的当然是急需、管用而又易造的巡逻艇。

1951年,上海江南造船厂和青岛船厂分别试制40余吨的巡逻艇。虽然遇到不少挫折,江南造船厂造出的首艇试航时甚至倾覆江中,但是总结经验后,终于获得了成功。

在"八六海战"中大显神威的中国62型护卫艇

总工程师徐振骐主持设计出航速为11.5节,装25至37毫米炮1门～2门,排水量50吨的巡逻艇,于1952年开始生产,定名为53甲型。这是人民海军第一次成批生产的战艇,它标志着人民海军舰艇向着国产化迈开了第一步。原来的旧艇被淘汰。同时,为了适应华南海区特殊需要,还专门造出了16艘53甲型战艇。

1954年11月,海军设计出75吨的木壳巡逻艇,先试造出4艘。次年,改为铁壳,并定名为55甲型,航速比53甲型提高了一倍,达到了22.5节。火力大为加强,装有37毫米炮4门、12.7毫米机枪2挺。在炮击金门期间的12次海战中,主角均为55甲型战艇。

在上述两型的基础上,海军从1960年5月起在大连造船厂试制更新的护卫艇。1962年11月定型为62型,并开始批量生产。该艇标准排水量118吨,最大航速达28节,装有双联37毫米和25毫米炮各2组,安有警戒雷达,并可携带深水炸弹或水雷。因此,62型护卫艇已具有对付敌水面舰艇和潜艇的多种作战能力。在1965年的"八六海战"和崇武以东海战中,62型护卫艇大展神威,成为海战的刀尖。战艇以爆破弹先将敌舰舱面官兵一扫而光,然后逼近用穿甲弹专打水线以下舰舷,干净利索地送敌舰到海底见了"龙王"。直到今天,改进的62型护卫艇仍为祖国在领海上巡逻。

104. 世界上哪一种护卫舰最大?

目前,世界上最大的护卫舰是美国"佩里"级导弹护卫舰。满载排水量为3585吨,全长135.6米,舰宽13.7米。

"佩里"级护卫舰

在"佩里"级护卫舰上,装有一座多用途的导弹发射装置,可发射"标准"型舰对空导弹和"鱼叉"型舰对舰导弹。在军舰甲板中部有一门76毫米舰炮和一座"密集阵"6管20毫米炮,在甲板中部两舷,各装一座三联装反潜鱼雷发射管,能发射反潜鱼雷对付潜艇。舰尾还装备2架SH-2直升机。此外,舰上还装备了性能良好的声呐、雷达等观测设备和先进的导航设备,因而具备了执行海上警戒、护卫等任务的效能。

105. 护卫舰发展有什么新动向?

综观美、英、法、德等海军强国建造护卫舰的最新信息,大致有下述新动向:以常规武器为主的护卫舰正在向以导弹武器为主的护卫舰过渡。新型的护卫舰上装有防空导弹、对舰导弹、反潜导弹,还有反潜直升机,这就大大地加强了护卫舰对空防御能力和反潜能力。同时护卫舰的性能向着高速化发展,动力装置燃汽轮机化,功率加大,速度提高。此外,新的护卫舰技术装备完善,装有探测距离远、分辨能力高的雷达、声呐等设备。

106. 哪次海战中参战舰艇最多?

1944年10月24日至25日,美、日军队在菲律宾莱特湾地区进行的大决斗是参战舰艇最多的一次海战。参战的美国舰艇有:攻击性航母8艘、轻型航母8艘、护航航母18艘、战列舰10艘、重巡洋舰13艘、轻巡洋舰14艘、驱逐舰111艘、潜艇29艘,加上登陆舰艇和辅助舰船,总吨位133万吨,飞机1400架。参战的日本舰艇有:攻击性航母1艘、轻型航母3艘、战列舰9艘、重巡洋舰13艘、

海军兵器

轻巡洋舰 6 艘、驱逐舰 35 艘、潜艇 14 艘,加上辅助舰船,总吨位 73 万吨,飞机 300 多架。海战结果,日军损失航母 4 艘、战列舰 3 艘、巡洋舰 10 艘、驱逐舰 11 艘,美军损失轻型航母、护航航母各 1 艘、驱逐舰 2 艘、护卫舰 1 艘。

107. 美国海军什么时候拥有的舰船和飞机最多?

在美国海军历史上,拥有的舰船和飞机最多的时候是在 1945 年上半年,即第二次世界大战即将胜利的时候。此外,还有大量辅助舰船。这时,美国海军的舰船高达 50759 艘,排水量合计 1350 万吨。其中,主要作战军舰 1171 艘,巡逻和扫、布雷舰艇 1851 艘,登陆舰艇 3226 艘。这时,美国海军飞机也达到 40392 架。可你知道吗?在 1940 年上半年,美国海军才有舰船 1099 艘和飞机 1700 余架。

海军兵器

奇妙的掠波剑鱼

108. 扫雷舰艇有哪些特点？

在水雷战舰艇家族中，你会发现有两种斗得你死我活的成员。其中，一种叫作布雷舰艇，另一种叫作扫雷舰艇。布雷技术相对简单些，而且许多舰艇，如潜艇、护卫舰艇、驱逐舰、登陆舰艇，甚至飞机和飞艇，都可以布雷，战时更可以征用大批民船布雷，所以专门制造的布雷舰艇很少。然而，一旦水雷进入海中，要在一望无边的海水中发现它非常困难，而且随着水雷技术不断发展，要除去它谈何容易。因此，许多国家的专家都在为除雷绞尽脑汁，各种扫雷、破雷、猎雷及遥控扫雷舰艇、扫雷飞机和直升机如雨后春笋般地出现了。

美国"保卫者"号扫雷艇

扫雷舰艇是一种用来操作和拖带扫雷具，进行扫雷作业的战斗舰艇。它是反水雷的先锋，海上的工兵。

扫雷舰艇排水量较小、尺度不等、速度不同，舰艇上的装备也各不一样，但是各类扫雷舰艇具有共同的特点：

第一，扫雷舰艇本身具有较小的物理场，如磁场、声场和压力场等均很小。

第二，扫雷舰艇上有足够的空间和甲板面积，以供安置和收放各种扫雷具，安置各种绞车，吊杆等设备，便于进行扫雷作业。

第三，为了能够拖带扫雷具进行扫雷作业，扫雷舰艇有较大的拖力。

此外，扫雷舰艇还有良好的机动性和海上航行性能，以便准确进入雷区，准确地进行扫雷，以防止出现漏扫。扫雷舰艇还装备相当的火炮甚至导弹，主要用于自卫，必要时也可以攻击敌舰。在西沙海战中，人民海军的2艘扫雷舰和2艘猎潜艇并肩作战，就用火炮击沉了南越海军护卫舰1艘，赶走了驱逐舰3艘，显示了扫雷舰的战斗力。

109. 扫雷舰艇是如何分类的？

作为反水雷的主力——扫雷舰艇种类很多。根据它们的排水量和用途可分为四类：小型扫雷艇，中型沿海扫雷舰，大型远洋扫雷舰和扫雷母舰。小型扫雷艇，排水量在200吨以下，用于近岸海域，港湾内及内河航道上的扫雷活动，也可用来布雷、巡逻。

前苏联T43舰队扫雷舰

前苏联"娜佳"级远洋扫雷舰

前苏联"尤尔卡"级远洋扫雷舰

中型沿海扫雷舰，排水量在200吨～600吨之间，用于沿海或基地附近扫雷活动,和对在基地附近活动的舰艇进行护航活动,所以又叫作基地扫雷舰。

大型远洋扫雷舰,排水量在600吨以上,用于远洋扫雷,它用来引导大型舰艇、运输船舶出航,为海上航行舰艇编队进行护航扫雷,还能在登陆之前进行敌前扫雷。扫雷母舰排水量几千吨,分为直升机母舰和扫雷小艇母舰,这是20世纪60年代以后出现的新舰种。

110. 扫雷舰艇是怎样诞生的?

水雷出现后,各国舰船对它都闻风色变,束手无策。

1904年2月,日俄战争爆发,日、俄海军都在旅顺港外布了许多水雷,双方都有许多舰船触雷沉伤,连俄国海军第一太平洋舰队司令、水雷专家马卡洛夫海军上将也

前苏联海军舰队的远洋扫雷舰

随他的旗舰一起被水雷夺去生命。于是,俄国海军将几艘辅助舰船装上扫雷器材,出港扫雷。日本海军也用一些渔船和小舰艇加以改造后,前往扫雷。这些舰船就成了扫雷舰艇的雏形。

1909年,俄国海军在彼得堡的造船厂开始建造2艘

专门的扫雷舰,分别命名为"雷索"号和"爆破"号。此后,各国纷纷建造扫雷舰艇,使其成为一种新舰种。在第一次世界大战中,已有少量扫雷舰艇活跃在海战舞台上了。

111. 什么是扫雷具?

扫雷具是由扫雷舰艇拖带、用来搜索和消灭水雷的专用设备。一般分为接触扫雷具和非接触扫雷具。接触扫雷具用于扫除锚雷、水中漂雷和水面漂雷(包括触发的和非触发的)。

扫雷具根据它作用的方式,接触扫雷具可分为:切割扫雷具、拖曳式扫雷具和网式扫雷具三种。

切割扫雷具在扫雷钢索上拖着能割断雷索的割刀,利用割刀将雷索割断,使水雷浮出水面,然后将其销毁。

拖曳式扫雷具,由双艇拖带,当水雷被拖曳后,将其拖至浅水处,用枪炮销毁它。

网式扫雷具也是由双艇拖着,它能把水面漂浮的漂雷兜起来,拖至浅水处或扫雷具清扫的地方销毁掉。

非接触扫雷具是利用人工模拟的舰艇物理场诱爆水雷引信的方法消灭非触发沉底水雷和锚雷。按诱爆水雷的方式,非接触扫雷具分为电磁扫雷具、声扫雷具和联合扫雷具三种。每种扫雷具扫除不同引信的水雷。联合扫雷具分为由舰船拖带的电磁—声波联合扫雷具、扫雷驳船和破雷舰。

112. 最早的扫雷具是什么样的?

在1861年美国南北战争中,北军联军靠强大的舰队封锁了大西洋海岸。海军力量较弱的南军在反封锁战斗中，布设了大量水雷，以对付北军的舰艇。

在战斗中，北军舰船频频触雷损失惨重，于是开始研究对付南军水雷的办法。北军于1864年研制了"水雷捕捞器"，这是一种装在舰首的原始扫雷具。后来南军为了清除自己布设的锚雷，制造了双艇拖带式扫雷具，在一根锚链两端各联接一根拖索，用两个小艇并排拖带，当锚链挂到锚雷时，可把水雷拖到浅水区，使雷体露出水面后销除掉。

113. 切割扫雷具怎样扫雷？

切割扫雷具一般用单舰拖拉。首先，扫雷具要离开舰艇自身一段距离，以保证安全。扫雷具有定深器，使其行进在水雷布放的深度下面。为了使扫雷有一定的宽度，浮标后面有两个展开器。水雷的钢索被扫到后，沿着展开器的钢索往下滑，在到展开器的头上装有一把割刀，可将雷索割断，水雷就浮上了水面，最后可以用小口径炮射击或派人划小船前去引爆。切割扫雷具扫雷时，要保持正确的航向和航速，像耕地一样，一趟一趟地在海中耕耘，两趟之间有一定宽度的重叠。

114. 电磁扫雷具怎样进行扫雷？

在第二次世界大战中，出现了磁场性水雷和音响水雷、水压水雷。电磁场扫雷具能对付磁场型和感应型磁性水雷。首先出现的是艏部装有电磁铁的切割式扫雷具及艇后拖着的拖曳式的磁场体扫雷具；后来又出现了用线圈绕在木排或浮筒上的电磁扫雷具；还有用圆棒或浮标使橡皮绝缘电缆保持浮力的扫雷具。由于电磁扫雷具是拖曳的,装有电磁扫雷具的扫雷舰要从水雷上面通过,所以在扫雷舰艇上要有防雷措施。舰体上绕有消磁场线圈,消除或者减少扫雷舰体本身产生的磁场。

115. 音响可以用来扫雷吗?

音响扫雷具用来扫除音响水雷。根据接收装置结构的不同,音响扫雷具分为中频和低频两种。早期的音响扫雷具是一种发音弹,在距水雷一两千米的距离内爆发,所发出的声响能引爆水雷。

现在常用的一种音响扫雷具,是利用发声器发出很大的响声来引爆音响水雷。发声器可以在艇尾拖航,也可舷侧拖航。有的发声器中既有铁锤,也有偏心机构,能同时扫除低频、中频水雷。

116. 为什么把破雷舰称为"海上敢死队"?

在一部战斗故事片中有一个情节:一支坦克部队不慎冲入了敌人布设的地雷区,一辆坦克不顾自身危险,加速向前,开辟了一条安全通道,但这辆坦克却被炸毁了。在海战中也有这样的情况,这就是用一艘舰船到敌人的水雷区去开辟航道,这种舰船称作破雷舰。

破雷舰是在第二次世界大战中出现的,主要为了对付各种扫雷具难以扫除的水压水雷。破雷舰的特点是由它本身的构造决定的。在破雷舰舰体内,底部水线以下的舱室分隔得很小,并用泡沫塑料充填空间。在一些没有塑料泡沫的舱内则灌满压载水。当破雷舰撞入雷区,引起水雷爆炸,所产生的冲击波和弹片使舰体破损,甚至穿孔,但由于舰体内充满泡沫塑料,能够提供足够的浮力,舰体不会沉没。

为了增强破雷能力,除了本身由于钢铁制成而产生磁场外,还在甲板上装备能产生强磁场的电缆和能产生各种频率的噪声发声器,这样它既能扫除磁性水雷、音响水雷,也能扫除水压水雷了。最著名的破雷舰是美国用1.4万多吨的货船改装的"格鲁克曼"号破雷舰。它经受了多次水雷袭击,直到20世纪70年代才在一次试验中沉没。

117. 直升机如何进行扫雷?

直升机扫雷是一种新的反水雷战术。常规扫雷舰的速度慢、机动性差、扫雷效率低,本身防雷性能差,而且扫雷作业量大,不能适应战时扫雷的需要,迫使人们去改进扫雷技术,直升机扫雷战术就是这样诞生的。

扫雷直升机不同于一般的直升机,它必须有特殊的要求:一是要有足够的拖力;二是要有较大的载荷能力和舱室空间,以便装载各种扫雷具;三是要求有较高的飞行速度,较长的续航时间和较远的续航距离;四是要装有各种导航仪器,自动保持航向、航速等。直升机扫雷的方式有两种,一种是单机扫雷,另一种是编队扫雷。与扫雷舰相比,它的扫雷效果和效率大大提高了,而且它自身危险性小。

118. 遥控扫雷艇是怎样工作的?

遥控扫雷艇是一种无人驾驶的小型扫雷艇,排水量在200吨以下,有些只有几吨到几十吨,它们是用来清扫港口和狭水道的水雷障碍,或者在近海进行扫雷活动。

遥控扫雷艇用木材或者玻璃钢等制成,艇上装有动力设备,它能够以10多节的速度进行扫雷作业。通常遥控扫雷艇是在2名驾驶员的驾驶下,驶到扫雷作业海区,艇员回到遥控扫雷艇的控制艇上,控制艇在几百米距离以外遥控扫雷艇,让它进行扫雷作业。

在遥控扫雷艇上携载的扫雷具有接触扫雷具和非接触扫雷具,用来扫除触发水雷和非触发水雷。遥控扫雷艇本身吃水浅,尺度小,机动灵活,航行自如,能灵活地在扫雷区活动。当它一旦陷入渔网等障碍物,或是遇到敌人火力袭击,可以迅速丢掉扫雷具,离开险区。

119. 什么是"特洛依卡"反水雷系统?

德国海军中有一种叫作"特洛依卡"的反水雷系统,由一艘人工操纵的主控艇和三艘无人操纵的遥控艇组成。这种遥控艇长27米,宽4.6米,排水量为90吨,内有动力舱、电机舱、液压泵舱、燃油舱和遥控仪器舱。它以柴油机为动力,通过直角传动装置驱动艉部回转式螺旋桨,它既能推进,也可使艇转向。

遥控扫雷艇的扫雷效率较高,能同时扫除多种水雷。在相同扫雷效率下,遥控扫雷艇作业人员只有一般扫雷作业人员的一半左右,而且扫雷作业安全,造价低。因此,它是一种很有发展前途的扫雷艇。

120. 猎雷战术是怎么出现的?

现有的扫雷舰艇扫雷具比较笨重,操作人员布放时体力消耗大,扫雷作业持续时间长,易于疲劳。此外,扫雷作业不安全,扫雷具甚至扫雷舰艇本身有被炸的危险。

为了更有效、更安全地进行扫雷作业,出现了一种新的反水雷方法,这就是猎雷。

猎雷包括探雷和灭雷两个方面。探雷就是寻找和发现水雷障碍,并对发现的目标进行识别、分析和鉴别,以确定水雷的大小、种类、方位和距离。灭雷就是对已确定的水雷进行处理,可以先将水雷从水中拖至一定地点销毁,也可以就地炸掉。猎雷的方法之一是靠专门进行过训练的"蛙人队",他们携带专用的仪器和器材以及武器猎雷。"蛙人队"作战隐蔽,适合于近海和浅水航道。

121. 猎雷舰猎雷有什么"高招"?

猎雷舰诞生于20世纪50年代中期。那时猎雷舰与一般扫雷舰区别不大,只不过加大了声呐功率,将部分扫雷设备改为探雷设备罢了。发现水雷后,灭雷的任务还是由扫雷舰来完成。

新出现的猎雷舰负有探雷和灭雷两大任务。这种舰的舰体、动力设备和机械装置均采用非磁场性材料制成。此外,舰上还装有主动舵,使猎雷舰低速航行时有良好的操纵性。

声呐是猎雷舰上最重要的探雷设备,根据声呐换能器在舰上的布放位置不同,分为固定式、升降式和拖曳式三种。猎雷舰的声呐由探索声呐和识别声呐两部分组成。它们有各自的换能器,合装在一起。探雷时先开动探索声呐,发现目标后再开动识别声呐。声呐员根据自己的知识、经验,对目标作出正确的判断。

灭雷的主要方法是使用一种带有电视监视器的遥控

灭雷具,它将根据指令接近被探测到的目标,操作兵通过电视监视器对目标作最后判断,如确认是水雷,就可以将灭雷器上所携带的炸药放置在水雷上,灭雷具离开后,操作兵遥控引爆炸药,将水雷引爆。

122. 最大的猎雷舰是哪个国家制造的?

"三伙伴"级猎雷舰

战争实践表明,反水雷障碍是有关海上"生命线"畅通和"制海权"保障的重大问题。因此,西方海军强国,特别是过去深受海上封锁之苦的国家,对研制反水雷舰艇和器材特别重视。在世界各国纷纷研制猎雷舰艇时,法国和英国处于领先地位。法国在1970年底最早制造了"女妖"级猎雷舰,排水量495吨,最大时速15节。舰体是木制的,外边涂有树脂保护层。英国在1972年建造了世界上第一艘玻璃钢猎雷舰"威尔顿"号,1978年6月又建成了目前世界上最大的猎雷舰"亨特"号,它们的舰体是用玻璃钢制的,满载排水量为725吨。在海湾战争中,多国部队出动了大批扫/猎雷舰艇前往对付伊拉克布下的水雷,

"亨特"号表现最出色。

123. 反水雷母舰发展前途如何？

反水雷母舰是利用扫雷小艇、遥控艇和扫雷直升机进行扫雷的。它能远离基地，在大海上长期活动。在扫雷过程中，反水雷母舰可担任旗舰或支援补给舰的任务，给小型反水雷舰艇、扫雷直升机供应燃料、淡水、粮食，携载小型反水雷舰艇所不能携载的各种扫雷具。

反水雷母舰是一种新型的反水雷舰艇，美国、俄罗斯、日本等国都在发展这种新的舰种。俄罗斯特别注意扫雷直升机母舰的研制，准备将它用于进攻前的敌前扫雷和远洋扫雷。基于反水雷母舰所具有的特点，它有可能成为未来的扫雷舰艇的主力。

美国20世纪60年代中期服役的MCS反水雷母舰，是排水量最大的扫雷母舰。它由大型登陆舰改装而成，长138.8米，满载排水量9040吨，用蒸汽机作动力，总功率为1.1万马力。舰上载有20艘小扫雷艇和2架扫雷直升机，还设有修理工厂和扫雷具厂。舰上的通信、探测等设备完善，并装有1门127毫米和8门40毫米炮。舰上还可以贮存大量的淡水、食品、燃油。因此，它可以在海上长期工作，并担任指挥舰或补给舰。

124. 气垫艇扫雷有什么特点？

在反水雷斗争历史中，曾经发生过不少扫雷舰艇被水雷炸沉的惨痛事故。血的教训促使人们研究新的反水雷技术和新的反水雷装备。

英国最早从事气垫艇扫雷的试验工作。经过反复试

验,证实用气垫艇扫雷大有可为,它具有独特的优点:

首先,扫雷速度快,扫雷效率高。一般说来,气垫扫雷艇大约只需要一般扫雷舰艇的四分之一时间就可到达扫雷地区,这就增加了扫雷作业的时间。

其次,气垫艇扫雷作业安全,本身受水雷破坏的威胁较小,各种型号的水雷都不会被气垫艇引爆。

最后,扫雷作业方便,对基地的依赖性较小。这是因为气垫艇具有两栖性能,能自行上陆,不需要港口设备。此外,气垫扫雷艇造价低,艇员人数只需扫雷舰的一半左右。

气垫扫雷艇特别适合在近海、浅滩及内河航道中进行扫雷作业。它是普通扫雷方法的一种补充。例如,排水型猎雷舰艇无法在狭窄水道、港湾、码头及浅滩区进行扫雷;而直升机扫雷又无法对付深水水雷,气垫扫雷就可补充它们的不足。

气垫艇上装上探雷设备和灭雷工具,就成了气垫猎雷艇。例如,英国的SRN4气垫扫雷艇上装上升降式探雷声呐和法国PAP-104遥控灭雷具以及英国斯伊生公司双体式灭雷具,就成为一艘气垫猎雷艇了。

125. 你了解布雷舰的家庭成员吗?

在昔日的海战舞台上,有一种数量不多、不引人注目的水面舰艇——布雷舰。布雷舰专门用来布设水雷,布雷舰在战时一般由运输船舶和其他废旧战斗舰艇改装而成。舰上设有布雷装置,由雷轨、传送链和控制系统组成。水雷固定在雷轨上,通过传送链传动,由控制系统对布雷

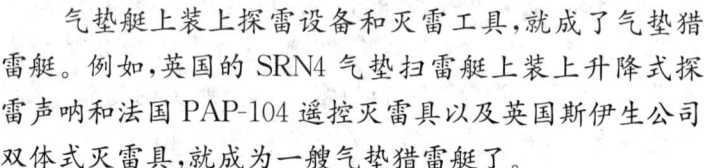

间隔、布雷速度进行控制,最后从舰尾将水雷投入水中。

根据排水量和布雷任务的不同,布雷舰可以分为三种类型:大型布雷舰、快速布雷舰和基地布雷舰。大型布雷舰是用在己方海域内布设水雷或障碍的。它们的排水量在4000吨～7000吨,能携带250个～800个水雷。快速布雷舰用在敌方海域布设水雷障碍,或者在敌人航线上进行机动布雷,用以钳制敌方舰艇的活动。它的速度在20节以上,有较强的舰炮,携带水雷80个～120个。基地布雷舰用在基地附近或近海、浅水区布设水雷,也可以在大型布雷舰不能活动的水域布设。它的吨位较小,火力较弱,携带的水雷数量也有限。

世界上比较有名的布雷舰有俄罗斯的"阿廖沙"级(满载2900吨)、日本的"宗谷"级(满载3050吨)、丹麦的"法尔斯特"级(满载1900吨)等。

126. 鱼雷艇为什么被称为"海上轻骑"?

鱼雷艇是以鱼雷武器为主要武器的高速舰艇。它的排水量从十几吨到一百多吨,它的速度可达40节～50节,甚至更快。当它驶过后,在海面上便掀起两道白色的浪花。因此,鱼雷艇被称为"海上轻骑"。

鱼雷艇在破浪前进

鱼雷艇跑得快秘密在哪里？我们只要仔细观察一番就能发现，它的艇首翘得很高，艇体在水面滑行。原来，艇体滑行时，艇体的重量不是靠水的浮力支撑，而是靠水的动力支撑。鱼雷艇高速滑行时艇体被抬起，因为艇体与水接触面积减少，航行时水阻力小，所以艇的航行速度可以大幅度提高，速度比一般舰艇几乎快一倍，每小时能跑五六十节，相当于100千米。

127. 水翼鱼雷艇高速航行的秘密是什么？

水翼鱼雷快艇

有的鱼雷艇采用水翼艇型。水翼艇的艇底装着水翼，有了它，航行时艇体能大部分离开水面。水翼像飞机机翼，能产生向上的升力，所不同的是机翼产生的是空气动力，而水翼的动力是水动力。有的同学玩过"打浮漂"的游戏：找一块扁平的石块，贴着水面甩出去，石块碰到水面会被弹起，在空中继续向前。这就是水动力在起作用。

水翼是水翼艇的重要组成部分。水翼的种类很多，常见的有三类：梯子形的、V形的、可旋转的。由于水翼产生的水动力作用，使水翼艇体全部抬出水面，水阻力大大减少,所以它的航行速度比滑行艇还高,而且在航行时,吃水浅,掀起的波浪小,适合于作为高速快艇。

128. 鱼雷艇的主要任务是什么?

鱼雷艇是以鱼雷为主要武器的小型战艇。它的主要任务是在海上对敌人舰船实施鱼雷攻击。它能够在夜间、能见度低的条件下,隐蔽或突然地在水面上对敌舰实施鱼雷攻击。鱼雷快艇可以单独地进行鱼雷攻击,也可以与其他兵力合作进行鱼雷攻击。鱼雷艇在对敌舰艇进行攻击时,通常集群活动,协同作战,由3艘~4艘鱼雷艇对同一个目标进行齐射,即采取多艇多方位协同围攻,使敌舰无法规避,以提高鱼雷攻击效果。除了对敌实施鱼雷攻击之外,鱼雷艇还可以用来执行布设水雷、遣送侦察兵上陆及施放烟幕等多种任务。

129. 鱼雷艇怎样分类?

根据排水量和尺度不同,鱼雷艇可分为大鱼雷艇和小鱼雷艇两类。

大鱼雷艇排水量60吨以上,续航距离600海里~1000海里。它的海上航行性能好,可以远离基地,能在恶劣气象条件下进行活动。大型鱼雷艇上设有2座~4座鱼雷发射管,有的甚至有6具鱼雷发射管。大型鱼雷艇可携载水雷,进行快速布雷。艇上还载有高射武器,用来防御飞机袭击。有些鱼雷艇上还携载有深水炸弹和烟幕筒。

小型鱼雷艇排水量在60吨以下,能在近岸和风浪较小的海区进行战斗活动。一般是两具鱼雷发射管,所携带的鱼雷口径也较小,即450毫米鱼雷。

130. 鱼雷艇攻击敌舰为什么要占领有利阵位?

鱼雷艇对敌舰进行鱼雷攻击,首先要迅速判明敌舰的运动方向,以便确定自己的接敌方向,占领有利阵位。这是因为鱼雷要命中目标,必须有准确的鱼雷发射提前角。什么叫提前角呢？为了打中运动中的敌舰,就必须向敌舰前进方向提前一个角度发射鱼雷,当鱼雷到达时,敌舰刚好也行驶到这个地方,两者正好相遇,才能命中。显然,这个提前角的大小,与敌舰的航向、航速和鱼雷艇与敌舰的距离、鱼雷的航速等要素有关。这个提前角是根据已知的敌我要素计算出来的。但是必须有一个前提,即鱼雷艇在可以发射鱼雷的有利阵位,敌我的运动方向与鱼雷是否能命中的关系是非常直接的。什么样的位置才是有利阵位,学过数学中几何和三角的同学可以动脑筋,自行研究。

131. 鱼雷艇发射鱼雷为什么要进行扇面射击?

鱼雷艇在发射鱼雷后,鱼雷并不能按理想航线航行,由于受风浪等影响,它的航迹不是一条直线,而是在平面上和垂直面上作蛇形运动。另外,测定的目标运动要素也会产生误差,敌舰为了规避鱼雷攻击,会改变航向、航速,等等。总之,鱼雷和敌舰的位置都是散布在一定的范围之内的,如果发射一枚鱼雷,命中度就较低。为了提高鱼雷的命中率,就要同时发射多枚鱼雷,形状与一把扇子展开后相似,故称"扇面射击法"。

想想,两雷之间的夹角是大一点好,还是小一点好?

是随意的,还是有精确计算的?答案告诉一半:命中敌舰时两雷之间的距离应是敌舰长度,那么你能否计算出鱼雷的扇面角?

132. 现代鱼雷艇为什么战斗作用减少了?

鱼雷艇在历次海战中曾起过重要作用,被誉为"海上爆破手",如电影《海鹰》的插曲中所唱:"我们是勇敢的海上爆破手,我们是无敌的突击兵团。"

我人民海军曾利用鱼雷艇取得辉煌战绩,击沉过台湾国民党海军满载排水量1430吨的"太平"号护卫舰和多艘其他舰船,屡建战功。但是随着科技的发展,鱼雷艇昔日的威风逐渐不再。原因是在现代的条件下,观测和战斗设备的发展,特别是雷达的探测距离更远,分辨能力更高,鱼雷艇在较远距离就能被敌人发现,对敌舰实施近距离突然袭击变得十分困难。加之现代军舰上的舰炮和海军航空兵能用强大、密集的火力构成一道火网,阻止鱼雷艇的接近,使得鱼雷艇的战斗使用及其效果显得有限了。

133. 军用快艇的发展方向如何?

根据21世纪海军的发展情况,军用快艇主要向着下列三个方向发展:

第一,增强快艇的攻击威力和自卫能力。导弹快艇上的导弹武器应具有低弹道、结构简单、运载方便并能在海上补给的特点。鱼雷快艇上的鱼雷应提高射程与射速,采用线导或自导,以提高命中率。

第二,提高快艇武器射击精度和战术数据处理能力。

快艇上的射击指挥系统准备时间要短,反应速度要快,能迅速地捕捉和准确地跟踪多种、多批目标,并有较强的抗干扰能力。

第三,提高快艇本身性能,如增加快艇本身续航距离,提高航速和机动性,改善快艇的适航性,使它能在大风大浪中航行和战斗。

134. 水面舰艇有哪些反潜武器?

潜艇自从问世之后,成了大中型水面舰艇的"心腹之患",在海战中的地位越来越重要。水面舰艇不甘心被动挨打,积极寻找反潜、攻潜武器和方法。各种水面舰艇装备的反潜武器主要是深水炸弹,还有反潜鱼雷和水雷。而

猎潜艇施放火箭式深弹

投放的方式除了舰艇自身外,在驱逐舰以上的大中型舰艇则装备了直升机。深水炸弹能在水下一定深度爆炸,专门用于攻击潜艇。按携带方式分为航空深弹和舰用深弹两类。舰用深弹,按投射方式,分为投放式深弹和发射式深弹。投放式深弹通过舰尾的滚架投入海中,这种方

式已被淘汰；发射式深弹又分发射炮和火箭弹。发射炮装在舰艇两侧，由药筒点燃后将深弹发射出去。火箭弹一般装在舰首，弹体似流线型，弹尾有稳定装置，射程较大，可多发快速齐射。反潜水雷则布设在水中不同深度上，用于毁伤潜艇，最大布深可达 700 米。

135. 反潜航空兵主要使用哪些武器？

反潜航空兵，具有机动性好，搜索率高，攻击能力强等特点，特别是飞机或直升机本身不易受到潜艇的攻击，是与现代潜艇作斗争的最有效的兵力。

反潜航空兵用于攻击潜艇的武器，目前有航空反潜自导鱼雷、反潜导弹和深水炸弹。航空炸弹与火箭弹，也可以攻击处于水面、半潜或通气管状态航行的潜艇。

航空深水炸弹，是一种最基本的机载攻击武器。据资料记载，在 1944—1945 年间，被航空深水炸弹击沉的德国潜艇达 367 艘。马岛海战证明，这种基本的反潜武器，在现代战争中仍有用武之地。在沿岸一些浅水海区使用深水炸弹攻潜，往往比自导鱼雷有效。航空深弹，可以从飞机上滑投或低空投放。

136. 深水炸弹有哪些构造？

深水炸弹武器系统是专门用于反潜的武器系统，主要装备在反潜舰艇上，用于近程反潜，可提高深弹攻潜效果。它由声呐、射击控制系统、深水炸弹发射装置、深水炸弹及输弹机等组成。声呐分为搜索声呐和攻击声呐，用于搜索、发现和识别潜艇，并将潜艇的距离、方位传给射击控制系统。射击控制系统，提供深水炸弹攻击各种要素,并驱动发射装置进行瞄准和射击。深水炸弹发射装置,提供高低角和方向角,用于发射深水炸弹。输弹机,用于为发射装置装填深水炸弹。

137. 深水炸弹的主要性能是什么?

早期的投放式深水炸弹和发射炮使用的深水炸弹,都是圆柱形,中间装引信,弹体内装的梯恩梯炸药大于100千克。此外,无其他复杂的装置。此种深水炸弹水中

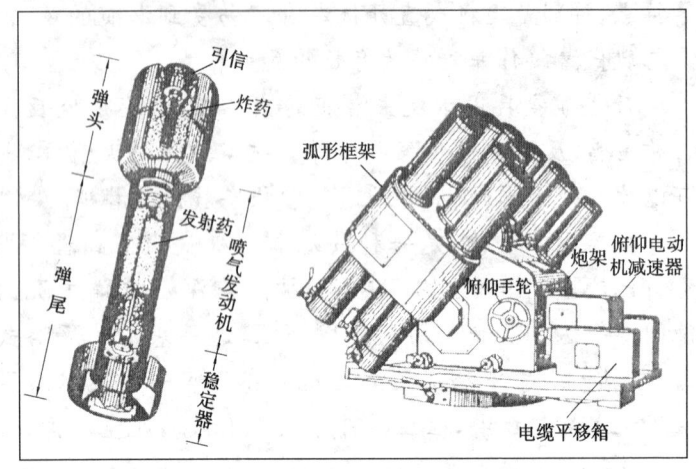

猎潜艇施放火箭式深弹

运动阻力大,下沉速度慢,在潜艇航速大大提高的今天,它的命中率大大下降。发射炮发射的深弹因后坐力大,发射率低,也被逐渐淘汰。现在占主导地位的是火箭式深水炸弹。这种深弹发射时无后坐力,深弹总重70千克~250千克,装药量28千克~200千克,弹径203毫米~375毫米,弹长0.7米~2米,破坏半径8米~23米,射程数千米,可以在300米水深以内使用。深弹装药分

常规装药和核装药两种。核装药深弹多用作反潜导弹的战斗部,梯恩梯当量达数千至数万吨,使用专门的发射装置。

138. 深水炸弹引信有哪些种类?

深水炸弹的引信是为了控制炸弹能在一定深度爆炸,而爆炸深度是通过炸弹落水后下沉的时间来实现的。深水炸弹的引信有触发引信、非触发引信、水压引信和定时引信等数种。触发引信是在深水炸弹碰撞目标时起爆的。非触发引信是在深水炸弹从目标附近通过时受目标磁场、声场、水压场等作用而起爆。水压引信是在深水炸弹降到预定深度时起爆。定时引信是在深水炸弹深入水后在钟表装置或延迟装置的作用下,按装定的延发时间引爆。由此可见,引信是深水炸弹的最重要的控制部件。

139. 深水炸弹是怎么发射出去的?

深水炸弹是水面舰艇专门为了对付潜艇的主要武器。按其工作原理,分为气动式和火箭式两种。第二次世界大战期间的深水炸弹发射炮为单管气动式,装于舰尾。战后的深水炸弹发射炮多数为多管火箭式,射程6.5千米。火箭式深水炸弹发射炮可进行面齐射,也可进行单发点射。

水面舰艇发射火箭式深弹

深水炸弹的发射,可由专用计算仪器根据声呐或其他搜索器材和目标批示器材所提供的数据,自动进行控制。深水炸弹装药高达100千克,用专门的引信在设定深度或目标附近引爆。

140. 美国的反潜导弹具有什么样的性能?

美国从20世纪50年代开始研制舰射弹道式近程反潜导弹"阿斯洛克"和潜射弹道式反潜导弹"萨布洛克",又称"火箭助飞鱼雷"。20世纪60年代装备部队,并向德、意、日等国出口超过2万枚,是世界上装备最广泛的一种反潜导弹。战斗部为MK-44或MK-46鱼雷,射程9千米,导弹在空中飞行速度为近音速,入水后鱼雷航速为45节,可靠搜索距离914米。主动深度为6米～457米,续航时间7分钟,可攻击航速达33节的潜艇。进入20世纪80年代,美国提出用垂直发射的"阿斯洛克",用"海长矛"代替"萨布洛克"。它的主要作战对象是先进的高速(40节以上)、深潜(600米～1000米)潜艇。

141. 俄罗斯有什么样的反潜导弹?

俄罗斯的反潜导弹起步较晚,20世纪70年代才开始装备舰艇,如:"弗拉斯"-1是第一代反潜导弹。以反潜为主,兼有反舰能力的SS-N-14"石英"舰载反潜导弹,其射程为55千米,采用固体火箭发动机,制导方式为自动驾驶仪加无线电指令制导,战斗部为音响自导鱼雷或核深水炸弹。SS-N-14装备于前苏联海军几乎全部大、中型水面舰艇,现仍为俄罗斯海军反潜的主要武器。另外,还有20世纪70年代后期装备部队的、射程为40千米～50千米、主要装备于攻击型核潜艇的SS-N-15/16反潜导弹等。

142. 第二代反潜导弹有什么特点?

美、俄等海军大国都致力于第二代反潜导弹的研制,这种新式反潜导弹的主要特点是:

(1)采用新型的动力推进装置,增大了射程,提高了飞行速度。

(2)将巡航式反潜导弹射程远,而且具有弹道可修正的特点与弹道式反潜导弹具有起飞加速快的优点相结合,扬长避短。

(3)战斗部除个别保留核深弹外,全部选用新型高技术的小型反潜鱼雷,使反潜导弹入水后有更高的命中概率。

(4)实现舰射和潜射发射装置统一,使用维修方便。

(5)采用声呐浮标线导技术,提高鱼雷入水后命中目标的概率。

(6)用电脑进行飞行控制,导弹具有遥控和复合制导功能。

综上所述,新的一代反潜导弹具有更加优越的性能和更加强大的战斗力,它将成为反潜作战的主战武器。

143. "海上猎手"是怎么出现的?

在第一次世界大战中,潜艇神出鬼没,袭击海上航行的舰船,破坏海上交通线。为了对付潜艇的威胁,英、意、美、德等先后在一些小型舰艇上,装备深水炸弹,用来对付潜艇,这就是海上猎手——猎潜舰艇(也称作驱潜舰艇)的前身。

猎潜舰艇是一种近海活动的轻型反潜兵力,它的主要任务用于反潜,在近海和基地附近进行反潜警戒,发现和消灭敌人潜艇。它可以单独作战,也可以与其他兵力协同作战,对付敌人的常规潜艇。猎潜舰艇排水量不大,一般在1000吨以内,航速18节~30节。作为海上猎手,猎潜舰艇上装备有较强的反潜武器,有战斗威力大和命中率高的反潜鱼雷、深水炸弹等多种反潜兵器。由于反潜兵器较强,舰艇又机动灵活,且有完善的声呐、雷达和无线电通讯设备,所以一旦发现潜艇,就能对其实施有效的攻击,潜艇不敢与它周旋。

144. 第二次世界大战中德国的"狼群"是怎样被捕杀的?

在第二次世界大战中,潜艇这种海军突击兵力的作用得到了很大提高,特别是德国的潜艇部队司令邓尼茨采用了"狼群"战术使盟国舰船损失惨重。所以必须建立新的反潜组织以及专门的反潜兵力和兵器。英、美等国在研制舰用和岸用探测器材方面取得了较大成果,制造反潜武器也获得了成功,并且用这些武器装备了水面舰艇、潜艇和飞机。因此,在一些大国的海军中都设立了可以在海洋上主动搜索和消灭敌潜艇的专门反潜兵力和兵器,从而大大提高了反潜战的效果。其中,远程的"解放者"等轰炸机、护航航母上的舰载机、反潜舰艇、飞机和舰用的厘米波雷达、带伞的"雪花"照明弹、先进的深水炸弹,都立下了卓越的功勋。第二次世界大战期间,各国海军在海战中共损失潜艇1124艘,其中德国达781艘。潜艇之所以损失巨大,不仅因为在海战中使用的潜艇数量增多,规模扩大,而且还因为反潜兵力在搜索和消灭潜艇方面采取了主动行动。这正是希特勒的"狼群"战术破产的主要原因之一。

145. 各国海军为何要建立专门的反潜兵力？

潜艇采用核动力装置并装备导弹核武器以后,反潜已成为全局性的问题,也成为海军的主要任务之一。因而,需要建立一整套的反潜兵力,包括各种水面舰艇(从小型猎潜艇到反潜航空母舰)、潜艇、反潜飞机和反潜直升机,用来搜索、监视和消灭敌人的潜艇。国外已开始建立水下潜艇监视系统,将数千平方千米的海洋纳入监视范围。在反潜系统中还使用导弹核武器和航天兵器。反潜战的内容包括采取主动行动,就是在敌潜艇的建造地点、基地、航渡海域、战斗巡逻区和战斗阵地区将其消灭,以及在开阔的海洋上和海岸附近为海军的突击兵力、护航运输队、重要水域和重要目标附近组织对潜防御。

146. 现代猎潜舰艇有什么新的发展？

为了增强猎潜舰艇的反潜能力,需要在舰艇上多装反潜武器和反潜设备。所以现代猎潜舰艇排水量有所增加。前苏联"格里沙"级猎潜舰(也称作反潜护卫舰)是现代世界上排水量较大,武器较强的一种。这种猎潜舰的满载排水量为1000多吨,用2台柴油机和1台燃汽轮机作动力。平时用柴油机巡航,需要加速时,启动燃汽轮机。主机总功率为2.4万马力,航速30节。装有反潜鱼雷发射管4具,在军舰首部装有2座12管反潜火箭发射器。另外,还有1座双联装防空导弹发射架,1门双联装57毫米炮。这种猎潜舰适航性能好,以12节航速可航行

4000海里,能在较远的海区执行反潜任务。舰上装有1部声呐和4部雷达,使搜索和攻击潜艇的能力大为增强。

147. 水翼猎潜艇有什么优点?

一般的猎潜艇都是排水船型,而现代新型猎潜艇采用了水翼型和气垫型。

美国"高点"号猎潜艇便是水翼型,艇体用铝合金制成。满载排水量112吨,采用燃汽轮机作动力,航速高达50节。艇上装有鱼雷发射管4具,40毫米双联装舰炮1座;还有雷达、声呐等探测设备。这种水翼型猎潜艇,不仅航速高,而且海上适航性能好,能在2米高的波浪中平稳地航行,所以具有较强的反潜能力。加拿大的"勃拉斯·特·奥尔"号猎潜艇也是一种水翼型猎潜艇,满载排水量235吨,航速高达62节。英国的气垫型猎潜艇,航速高达60节,也有很好的航行性能,反潜能力强。这种新型的猎潜艇在近海猎潜,具有其他类型猎潜艇所无法比拟的优点。把这种艇装载在反潜母舰上,就可以到远洋执行反潜任务了。

148. 护卫舰艇与猎潜舰艇有什么共同之处?

护卫舰艇和猎潜舰艇尽管是两种不同的舰艇,但是它们担负着共同的任务——反潜。因为在现代潜艇成为水面舰艇主要威胁的情况下,护卫舰的"护卫",并不是主要对付水面舰艇,而是主要对付潜艇,共同的任务把这两种不同舰种联系在一起。它们的武器装备也有许多共同之处。小型护卫舰与大型猎潜艇,无论是性能或武器装备,几乎没有什么差别,很难区分它们。护卫舰艇、猎潜舰艇作为护卫、反潜的生力军,共同活跃在未来的海战舞台上。

149. 为什么说远程测潜舰是反潜兵器的"新高招"?

由于核潜艇航速高,下潜深,目前的被动式反潜探测系统已越来越难以捕捉最新型核潜艇的踪迹。

由日本最早研制的远程探测舰有子母船型和水下型两种方式。子母船型,就是由大型远程测潜舰本身带有众多的无人小艇组成,一旦需要对某海域的潜艇进行搜索,只要将远程测潜舰开赴那个海区,然后间距一致地布上测潜舰所携带的无人驾驶小艇。这样,各小艇收到的各种信号经过综合处理系统之后,便可自动引导本国反潜舰艇或反潜飞机置敌潜艇于死地。

水下型远程测潜舰主要用于关键海域或海峡等处的对潜搜索,这种反潜舰本身实际上也是一种潜艇,只不过它主要用于搜索敌方潜艇的信号而已。当这种水下远程测潜舰测到敌潜艇的踪迹后,会自动地进行跟踪,并迅速将其运动参数报告给本国的指挥所。

150. 激光探潜仪为何被称为"水下火眼金睛"?

蓝绿激光探潜仪是近几年发展起来的一种新型探潜设备。它的工作原理是:从飞机或其他平台上发射出的蓝绿激光,经过空气——海水界面折射进入海水中,由于水中目标及海底物质的反射,蓝绿激光被反射回大气中;蓝绿激光探测器接收反射回来的光信号,经计算机处理,就可判定海水中是否有目标存在。这项新技术与水声探测设备、磁探测仪等相比,发现概率高,定位识别准确,抗干扰能力强,安全隐蔽。因此,美国、俄罗斯、加拿大、澳大利亚等国都十分重视这项高技术装备的研究,投入了大量的人力、物力,在许多方面已有突破,很有可能在不久的将来,会出现真正实用的蓝绿激光探潜仪,并装备部队使用。

151. 哪个国家最早生产登陆舰艇?

登陆作战可不像我们乘船旅游到达目的地后离船上码头那样轻松。因为登陆作战的地形常常十分险恶,还有敌人的疯狂抵抗,当你看过影片《拯救大兵瑞恩》就明白了。因此需要特殊的登陆工具,这就是登陆舰艇。登陆舰艇也称两栖作战舰艇,是专门用于进行登陆作战的舰艇。它们的主要任务是输送登陆兵、战斗车辆、武器装

英国"拳击手"级坦克登陆舰

备、军需物资等,为登陆行动提供前线指挥场所、通信技术保障、火力支援和防空、防潜等。其中包括:登陆舰艇、船坞登陆舰、武装运输舰、两栖货船、综合登陆运输舰、两

栖攻击舰、两栖指挥舰、两栖火力支援舰等。

在第二次世界大战中,随着登陆作战次数增多和规模的不断扩大,原来用一般军舰或货船、客船运送士兵和武器装备的做法已越来越不适应战斗需要。尤其是许多登陆点没有现成的码头,复杂的海岸地形使卸载成为大难题。于是,一种新式舰艇应运而生,这就是登陆舰艇。

1940年冬,英国海军根据丘吉尔首相的提议,开始建造3艘"拳击手"级坦克登陆舰。该舰轻负荷排水量2840吨,最大航速17节,装有4门高射炮,可搭载13辆30吨级坦克、战车或其他装备。此后,美、日、苏等国也相继建造了许多登陆舰艇,大量投入在西西里、诺曼底、马里亚纳群岛、莱特湾、硫磺岛、冲绳岛等登陆作战之中。美国在"二战"期间造的登陆舰艇最多,达3000多艘。战后,大部分美国登陆舰艇退役,其中30多艘交给了国民党海军,其中有被命名为"中"字号的坦克登陆舰,如"中建"号;"美"字号的中型登陆舰,如"美盛"号;还有"联"字号、"合"字号、"登"字号等。

152. 参加登陆作战有哪些海军兵力?

登陆战是海军舰艇部队协同陆军部队在空军支援下,进攻敌人沿海地区的战役,是海军战役中较复杂的一种,需要有周密的计划、严格的训练和有众多的海军舰艇参加。

参加登陆作战的部队,除了海军两栖登陆舰艇、海军陆战队登陆部队外,还有海军航空兵及海军战斗舰艇组成,参加登陆战的两栖登陆舰艇有各种类型的坦克登陆舰、步兵登陆舰、两栖攻击舰、船坞登陆舰、货船、运输船以及其他登陆运输工具。

登陆部队登上两栖登陆舰艇,从出发地点向登陆地点运动的过程称为"航渡"。行进在最前面的是航空兵与水面舰艇群。在战斗舰艇中,有扫雷舰艇执行扫雷任务,水面舰艇执行护航和火力支援,潜艇在水下警戒。在水面舰艇后面,便是运送登陆部队和登陆兵器的两栖登陆舰艇。登陆战的最后阶段是登陆部队登上陆地进行战斗,海军航空兵和舰艇还要用火力继续支援,并随时粉碎敌军的援兵。

153. 步兵登陆舰艇的主要用途是什么?

步兵登陆舰艇是用来运送登陆部队和轻型兵器上陆的。它还能把不能直接到达岸边的大型运输舰船上的登陆部队与各种轻型兵器运送上陆。

步兵登陆舰艇排水量大小不等,小的几十吨,大的几百吨。大型的称步兵登陆舰,小型的称步兵登陆艇。

步兵登陆舰艇的标准排水量为250吨~750吨,航速12节~14节,可装一个步兵连,多至一个步兵营,舰上装备高射炮和大口径机关枪。为了便于运送登陆兵迅速上陆,它的艏部开有大门。人员、物资通过艏部跳板上岸。它的吃水浅,当靠近岸边后,舰上立即放下登陆跳板,登陆部队通过登陆跳板上陆。

154. 坦克登陆舰的主要优势是什么?

坦克登陆舰是运送登陆部队中的机械化兵力上陆的。它的排水量和尺度都大,装载量也大,可以装载坦克等重型装备。在坦克登陆舰上有一个巨大的坦克舱,可以用来停放坦克和其他战斗装备,也可用来运送登陆兵。坦克登陆舰可以把大量的坦克、装甲车、自行火炮、火箭等兵器运送到登陆地点。同时可以直接抢滩登陆,使大量坦克能在敌人滩头阵地上出现,进行强行登陆。

坦克登陆舰的排水量为一两千吨的是中型坦克登陆舰,可以装运近十辆坦克。大型坦克登陆舰排水量达三四千吨,甚至更大,可以装运二三十辆甚至更多的坦克。

155. 坞式登陆舰什么时候诞生的?

坞式登陆舰诞生于第二次世界大战期间。它是为了在滩头登陆时使用,它的内部具有巨大的坞室。登陆艇其他登陆工具都装在坞室的内部。坞式登陆舰排水量比坦克登陆舰要大,有五六千吨,甚至上万吨。在坞式登陆舰

法国坞式登陆舰

的基础上,20世纪60年代中期出现了直升机坞式登陆

舰。它的甲板上可停放6架～12架直升机,在坞室中能装运若干艘登陆艇和直升机。在坞室的顶盖上设有直升机平台,坞室内的直升机可通过升降台,升到飞行甲板上后再起飞。

这种直升机坞式登陆舰又称坞式两栖战运输舰,可以运送两三千吨物资,近千名士兵,它的排水量较大,有一万多吨。例如,美国的"罗利"级和"奥斯汀"级便是这种坞式两栖战运输舰。

"罗利"级在1962～1963年间建造,共计建造2艘,满载排水量1.39万吨,航速为20节,舰上装有直升机6架,可以载运人员930人,货物3900吨。它们都装备火炮等武器,用于自卫和防空。

156. 两栖战军舰有什么特点?

两栖战舰艇是水面舰艇中最复杂的一类,从几吨的小型登陆艇到几万吨的两栖攻击舰,多达几十种。目前世界各国海军所拥有的各类两栖舰艇在2000艘以上,但真正具有两栖作战能力的却不多,以美国海军"黄蜂"级两栖攻击舰最为先进。

"黄蜂"级两栖攻击舰的首舰"黄蜂"号于1989年7月6日服役,具有以下几个特点:

一是投送能力强。满载排水量4.05万吨,除舰上定员1077名外,还可运载近2000名海军陆战队员。

二是自卫力强。装备了一系列先进的防空武器系统,其中2座八联装的北约"海麻雀"舰空导弹负责远程防空,3座"密集阵"近距离防空武器系统担负末端防御任务,另外还有 4 部干扰弹发射器用于发射箔条弹和照明弹。

三是指挥控制能力强。舰上装有比较完善的 C^3I 系统,它包括陆战队两栖作战战术控制系统、两栖作战战术数据系统、协同战术情报分配系统等,高度自动化使它具有指挥自如的功能。

157. 两栖攻击舰有什么特色?

20 世纪 60 年代,美国出现了一种新的军事理论,即所谓"灵活反应"战略。这种战略认为,在发展核威慑力量的同时,还必须发展一种打有限战争的特种部队。于是登陆战中的"垂直包围"战术出现了,在这种战术的指导下,美国研制了一种新型战舰——两栖攻击舰。实际上,它是一种直升机母舰,主要武备是直升机。直升机可从甲板起飞和降落,用直升机将登陆部队迅速地运送到登陆地点。1983 年 10 月,美军在格林纳达登陆便是采取了这种方法。先以海军陆战队先遣队 400 人从两栖舰上乘直升机降落在格林纳达的珍珠机场,随即发动攻势。

158. 通用两栖攻击舰的长处在哪里?

海军舰艇和装备,总是在实践中不断发展。在两栖攻击舰的基础上,20 世纪 70 年代又出现了一种多用途的两栖战舰——通用两栖攻击舰,它可代替两栖攻击舰、两栖运输舰和两栖货船。例如,运送一个海军陆战营的突击兵力登陆,大约需要有 5 艘不同类型的两栖舰船,而通用两栖攻击舰只需用一艘,外加一两艘坦克登陆舰即可。

通用两栖攻击舰是目前两栖舰船中最大的一种。如美国"塔拉瓦"级,它的满载排水量是3.93万吨,飞行甲板上可以同时停放9架大型直升机,机库里可容纳30架直升机。最大航速24节。舰艉的坞室可以装运登陆艇和其他浮动的上陆工具。因此,这种新型的通用型两栖攻击舰是大有发展前途的。

159. 世界上最大的两栖作战军舰是哪一艘?

在世界上的两栖作战军舰中,最大的是美国的"黄蜂"级通用两栖攻击舰。"黄蜂"级满载排水量4.05万吨,可搭载20架AV-8B垂直/短起降战斗机及42架各种直升机。舰内可运输士兵1870人、机械化登陆艇12艘或气垫登陆艇3艘、大型人员登陆艇4艘,舰上还装有"海麻雀"防空导弹及"密集阵"近距防空火炮系统。

160. 海军还有哪些登陆工具?

气垫登陆艇

在登陆作战中,能不能在最短的时间内,最大限度地把登陆兵力和武器、器材运送上陆,这直接关系到登陆作战成败。为此,除了动用大量的登陆舰艇和两栖舰船之外,还要广泛利用其他登陆器材。在敌人不设防的海岸,或者在敌方力量已被我方摧毁的海滩登陆,可使用浮动上陆工具登陆,协助大型两栖登陆舰船输送人员和兵器。这是因为大型登陆舰船吃水深,不能把物资和人员直接卸到岸上。

浮动上陆工具有机动登陆艇和履带式水陆两用输送车等。机动登陆艇的排水量小,能装运全副武装的士兵20名～40名。履带式水陆两用输送车可以将登陆舰、输送船上的兵员、战斗器材运送上陆。这种履带式水陆两用输送车车身装甲较薄,排水量7吨～10吨,水面航速10节左右,可装二三十人。此外,还有气垫登陆艇等。

161. 谁是海战中的"无名英雄"?

人们在谈论一些大海战时,总是对那些直接击沉、重创敌舰舰艇非常钦佩。然而,你是否知道,在功勋舰艇背后,还有许许多多的"无名英雄",它们虽未直接投入海战,但也为歼敌制胜建立了不可磨灭的功绩。

这些"无名英雄"就是辅助舰船。辅助舰船也称作勤务舰船,是海上战斗保障、技术保障和后勤保障舰船的统称。辅助舰船种类繁多,一般航速较战斗舰

中国远洋综合补给船"南仓"号

艇慢,按其所执行任务装有各种设备,通常也备有少量自卫用的中、小口径枪炮及导弹等。战时,常征调民用船舶改造充作军用辅助舰船。在诺曼底登陆作战中,美、英等国动用的辅助舰船共5000多艘,比作战舰艇多4000多艘。

海战中的"无名英雄"很多,主要可分成12类,它们

包括航行补给类,如油料补给船、弹药补给船、军需补给船、综合补给船,以及维修供应类、运输类、医疗救护类、打捞救助类、工程类、基地勤务类、海洋调查类、情报类、试验类、训练类船等。

162. 什么叫"海上预置舰"?

在侵越战争之前,美军曾用船将一个旅的给养和装备运到冲绳海域,人员乘飞机前往。两者结合后,即可迅速投入作战。

1979年,前苏军入侵阿富汗时,美军又租用了17艘商船运送一个陆战队两栖旅30天的装备、燃料和物资到印度洋,锚泊在迪戈加西亚岛待命。

然而,民用船缺乏防湿和抗温能力。时间一长,不少装备和物资容易生锈或霉变。为了克服这些缺点,美国委托船厂专门制造8艘海上预置舰,并以旧舰船改造了数艘。新建的海上预置舰为"大陵五星"级,排水量4.17万吨,满载5.35万吨,最大航速可达33节,最大航程1.22万海里,最大载重2.8万吨。舱内可装180辆坦克和军车、1.51万立方米各种燃油、8.2万加仑淡水及冷藏集装箱、弹药、干货等。此外,舰上还有直升机平台、5台40吨起重机及绞滩拖船、登陆艇、运货栈桥等。4艘预置舰就可以运载一个陆战队两栖旅1.65万人30天作战所需的装备和物资。

目前,仅美国有此种军舰,未见其他国家研制。海湾战争中,8艘"大陵五星"级海上预置舰12天航行7000余海里,将首批美军,即第24装甲步兵师的2.4万吨装备和物资运到了海湾地区,有力地保证了战斗所需。

163. 为什么要有训练舰?

训练舰,又称作练习舰,是专供海军院校学员和舰艇官兵进行海上实习的专用军舰,多数国家海军都编有这种军舰。

中国"世昌"号训练舰

训练舰分为综合训练舰和专业训练舰。综合训练舰上装有多种主机、武器、观通、航海设备,可同时供各专业学员或官兵操练。专业训练舰是供某一两个专业训练的军舰,以航海训练为多。训练舰一般用柴油机作动力,航速在20节左右;也有少量用风帆动力,航速在10节左右。此外,还有供训练用的潜艇、快艇,甚至巡洋舰和航空母舰等,其中有一些是从一线作战部队退下来的旧舰艇。由于训练舰艇上装有可进行实弹射击的枪炮、导弹、鱼雷、水雷等,所以战时可编入战斗序列直接参战。

中国海军现编有的"郑和"号、"世昌"号训练舰,曾多次进行远航训练,出访过不少国家。

其他国家比较有名的训练舰有:俄罗斯的"耶涅科尔"级、英国的"百眼巨人"号、法国的"紫藤"级、日本的"黑部"级、印度的"蒂尔"号、巴西的"巴西"号、希腊的"阿里斯"号、西班牙的"艾尔卡罗"级等。有的国家还设立了训练舰队。

164. 被称为"海上侦察兵"的是什么舰船?

许多国家的海军中都编有侦察舰船,执行海上的侦察任务。我国早在汉代时,水军中就有一种叫"斥侯"的小快船,甲板上的小舱内可藏数名侦察兵,从窗口观察敌情。

美国海军电子侦察船"博尔迪奇"号

现代的海军侦察舰船主要利用各种光学和电子设备,如雷达、声呐、录像机、摄影机、侦听机、测向仪、高倍望远镜等,收集对方的各种电子讯号,查明对方的军队部署,武器装备的性能和位置,飞机和舰艇的活动规律,港口布防情况以及地形、水文、气象等情报。

侦察舰船有专门研制的,也有由货船、渔船、旅游船或扫雷舰艇、登陆舰艇改造的。小的两三百吨,大的数千吨,航速为10节~20多节,需具有良好的抗风浪和海上生存能力,以适应长时间在海上执行任务。侦察舰船一般都装有小口径火炮和机枪以自卫,有的还有对空导弹,如俄罗斯的侦察舰船上装有SA-N-5导弹。值得注意的是多数侦察舰船伪装成货船、渔船、科学考察船,以便于掩护。然而,如果仔细观察,就可以发现,它们的天线格外多,这是侦察舰船同一般舰船的最大区别。此外,侦察舰船因搜集情报需要,常在一处海区长时间游荡,这也是它们容易暴露身份的弱点。

世界上比较著名的侦察舰船有:美国的"普韦布洛"级、俄罗斯的"祖博夫"级、"维希尼亚"级等。

165. 你知道舰炮有多少种吗?

舰艇本身一般不能直接歼敌(除早期用舰首撞击之外),歼敌主要靠各种舰载武器。早期战船上装备的是刀、矛、弓箭、钩、斧、镖等冷兵器和燃烧物。后来,枪炮等热兵器取代了冷兵器。其后,水雷、鱼雷、深水炸弹、导弹等纷纷登场,大显神威。

舰炮是装备在舰艇上的海军炮,有着悠久的历史。第二次世界大战前,舰炮是水面舰艇的主要攻击武器。舰炮用于射击水面、空中和岸上目标。按照口径,分为大口径舰炮、中口径舰炮和小口径舰炮;按炮管数,分为单管舰炮和多管(联装、转管)舰炮;按封闭程度,分为全封闭式舰炮和非封闭式舰炮;按自动化程度,分为全自动舰炮、半自动舰炮和非自动舰炮;按射击功能,分为平射舰炮、高射舰炮和平高两用舰炮。在古代,通常用可发射的炮弹重量区别,如:1磅炮(相当于48毫米口径)、24磅炮(相当于140毫米口径)。

166. 舰炮由哪几部分组成?

舰炮主要由发射系统、瞄准传动系统、炮架、供弹系统和炮弹组成。发射系统,包括炮身、炮门、装填机和反后坐装置,用于发射弹丸和重复装填炮弹。瞄准传动系统,包括瞄准随动系统和瞄准传动机构,用于使舰炮旋回和俯仰,实施瞄准。炮架,包括摇架、旋回架和基座等,用于保证炮身旋回和俯仰。供弹系统,包括扬弹机和弹鼓等,用

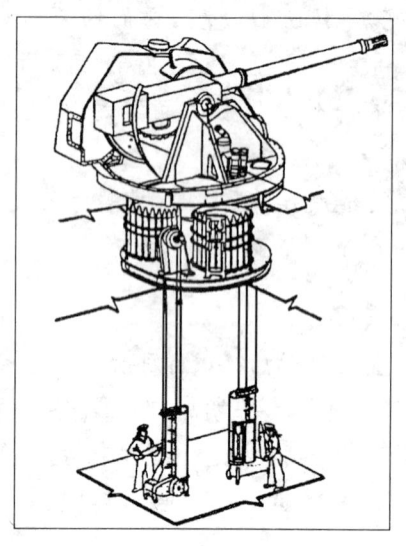

现代舰炮结构示意

于将弹药输送至发射系统。炮弹,有穿甲弹、爆破弹、杀伤弹、空炸榴弹和特种弹。

167. 舰炮的历史有多长?

舰炮是历史最悠久、最基本的一种海上兵器。早在13世纪我国宋元战争中,双方水军就开始使用火炮了。1279年,宋、元水军在广东崖山海面进行了世界上第一次

使用原始火炮的大规模海战。在 14 世纪中叶的水战中，使用青铜或铁铸成的滑膛炮，有的装在战船首尾的平台，更多的是配置在多层甲板的两舷，称为舷炮。

1861 年，北美建造的炮舰"莫尼托克"号，在甲板上安装了原始的炮塔，并装有能旋转向两舷发射的甲板炮，使火炮数量可以减少一半。19 世纪中叶，出现了线膛炮，采用无烟火药和高能炸药，增大了射程，提高了射击准确性和攻击威力。随后又发明了大口径、有防护装甲、供弹系统与炮位连成一体的火炮，这叫炮塔炮。飞机出现以后，舰上又装备了平射（用以对海）和高射（用以对付飞机）两用炮。

168. 舰炮在作战中有什么优点？

舰炮生命力强，抗干扰性能好，可在视距内射击，不受电子战的影响。在部分破损或被干扰时，可半自动或手动射击。

舰炮可以对空、对海、对岸目标，进行持续有效地攻击，特别是近距离防空和反导弹，是最有效的武器。

舰炮可一炮多弹化，兼容发射，可发射常规炮弹、穿甲弹、制导炮弹等，从而提高作战威力，载弹量大，可以长时间作战，多次对敌攻击。

舰炮使用寿命长，在寿命周期中费用较低；且使用、操作、维护、保养、更换与改装，都简便易行。舰炮的装备、使用、维护成本低，可靠性高。

这些优点，使舰炮在各种舰载武器的竞争中，一直没有败下阵来，在舰载武器中仍占一席之地。

169. 舰炮在实施海上封锁中有什么独特作用？

舰炮在实施海上封锁中的作用，是没有任何武器能够替代的。舰炮具有较高的战斗能力，反应快，可长时间持续射击，其威力的大小，可以通过射速的密度控制，在战争中可谓得心应手，运用自如。

1990年8月12日，美国总统布什向部署在海湾的美军特混舰队下令并授权：在必要时，可以使用最低武力，如用75毫米舰炮向一艘伊拉克油轮上方连射6发炮弹，以示警告。美舰多次使用舰炮进行警告性射击，直到战争结束，共拦截船只7882艘，上船检查996次，达到了对伊禁运、制裁的目的。除了舰炮，别的任何武器起不了这样的有限度的压制作用。

170. 舰炮在对岸射击方面有什么威力？

舰炮对岸射击，实施火力支援，也是任何武器代替不了的。战后的地区性局部战争表明，采用两栖攻击战的可能性日益增大，海军陆战队或陆军登陆部队，在打通岸上通道和抢占滩头登陆时，以及进一步扩大战果时，需要提供持续的火力支援。这种火力支援包括压制敌军防空、炮兵和海防阵地的火力，对登陆部队提供纵深火力支援，加强对近岸的封锁，或者直接轰击近岸目标等。由于舰艇机动性好，能够濒海作战，提供有效的海军火力支援，这具有重大意义。登陆部队在建立滩头阵地的过程中，容易遭受攻击，海军舰艇通过提供全天候的昼夜不停的应召火力支援，就可减少部队人员伤亡和飞机损失。

171. 舰炮在反导弹作战中为什么能拦截"漏网之鱼"?

舰炮在反导弹作战中,也有其独特的作用。随着第二次世界大战后的技术发展,反舰导弹和飞机成为对水面舰艇最严重的威胁,导弹攻击水面舰艇已经达到了"白热化"。防御反舰导弹和航空兵袭击,最有效的办法是将其摧毁在发动攻击之前,但这是难以实现的。那么,水面舰艇在末段反导弹防空,就显得非常重要了。目前,各国

速射多管小口径舰炮

军舰上普遍采用 20 毫米～57 毫米小口径炮,使用全天候、高精度的火力控制系统,能够自动地发现、捕捉、跟踪目标,特别是对近距离目标的跟踪,并有较高的炮火命中率。如美国的"密集阵"20 毫米 6 管转管炮,射速达 3000 发/分,并能根据射击弹束与目标间的偏差进行实时误差修正,确保在近距离上有很高的命中率,拦截已突破了远、中程防御导弹系统的"漏网之鱼"。

172. 什么是舰炮的火控系统？

火控系统是指挥和保障舰炮瞄准与发射的火力控制系统,用于保证瞄准和发射的快速性和准确性,以充分发挥舰炮的毁伤威力。由目标跟踪设备、火控计算机、控制台、接口设备和坐标稳定系统构成。舰炮火控系统和舰炮构成舰炮武器系统。作战时,舰炮的瞄准随动系统,按射击的各种要素,驱动舰炮瞄准;而供弹系统将炮弹送至发射系统,由引信测合机装定引信分别划分的数值,射击时检测射击脱靶量,进行校正射击,使射出的炮弹命中目标。

173. 现代舰炮发展有什么特点？

意大利"奥托"舰炮

第一,现代舰炮的口径向小型方向发展。现代战舰,不再像第二次世界大战时那样,是个浮动的庞然大物。舰艇的发展趋势,是向小型化方向发展。因为导弹挤掉了"巨舰",赖之以生存的"大炮"也就难以存在了。

第二,舰炮炮手的人数向减少的方向发展。最早是要人看、算、瞄、发射、装填,现在,采用遥控火控装置,自动装填机等,自动化程度大大提高,缩短了反应时间,提高了射击精度。

第三,一炮多用。除了执行对敌舰攻击任务外,还要执行防空、照明、海上封锁、对岸攻击等任务。

第四,全封闭舰炮越来越多。全封闭舰炮外部装有用钢铁、轻金属或玻璃钢制成的全封闭防护装置,具有防水、防气浪和防核尘能力。

174. 第二次世界大战后中口径舰炮为何异军突起?

舰载航空兵在第二次世界大战中大显神威,使炮大舰巨的战列舰黯然失色,退出历史舞台。导弹的出现,又使舰炮受到冷落。但是经过几个回合的较量和实战的反复证明,中口径舰炮仍具有不可替代的作用,于是各国就致力于这方面的研究。前苏联对舰炮的研究处于领先地位。到了20世纪70年代,130毫米的舰炮发展到了第三代,即AK-130型双联装130毫米舰炮,于1980年开始装备部队。这种炮优于西方的127毫米舰炮。首先,表现在弹丸初速高,为950米/秒,比美、意的127毫米舰炮高出18%;其次,该炮射速高,达到了80发/分,比西方的单管炮射速提高了一倍;再次,从射程上讲,最大射程为29.5千米,比美、意的127毫米舰炮远6千米。

175. 中口径舰炮有什么技术特点?

第二次世界大战以后,虽然各国对203、175、155毫米等不同口径的舰炮开展过研究,但最终没有一种正式装舰服役,不是中途下马,就是没有下文。然而,130毫米

以下的中口径舰炮却稳稳占据了主炮位置,这是因为它具有下列技术特点:

(1)结构紧凑,重量轻。中口径舰炮采用轻金属材料,代替一些钢结构,除炮身、摇架等主要部件外,大量采用铝合金,炮塔采用玻璃钢,并减少炮塔容积,这样就使火炮扩大了使用范围。

(2)高发射率,利于反导防空。俄罗斯AK-176型单管76.2毫米舰炮,最高射速可达130发/分,可自动连续发射完炮位上152发储备弹药,可在3秒钟内完成弹种更换。

(3)使用新弹种,增加火炮威力。新炮弹的出现,使中口径舰炮大放异彩。其中,带有近炸引信的预制破片弹及末制导炮弹,给舰炮带来一场革命。此外,还有激光制导炮弹等。

(4)采用全自动、遥控技术和封闭式炮塔及强制排壳技术,大大减少了各种故障率,从而使舰炮的性能十分优越。

176. 我国舰炮的研制经历了怎样的过程?

中国舰炮的发展,经历了从手动到遥控,从单炮单管到多管自动,从先仿制到后自制的过程。

20世纪60年代,我国自行研制成功的双联装37毫米舰炮武器系统,虽然是小口径舰炮,但毕竟是中国自行研制成功的火炮武器系统。

双联装130毫米舰炮武器系统,是我国研制的第一个中口径舰炮。作为导弹驱逐舰的主炮,对空对海,平高两用，性能也较优越。

双联装100毫米舰炮武器系统，是导弹护卫舰的主炮，采用数字式指挥仪，发射率25发/分，可使用多种炮弹。

20世纪80年代，双联装37毫米舰炮改为全封闭、遥控全自动化。双联装130毫米舰炮武器系统，也实现微机化控制。

177. 射击指挥仪的主要用途是什么？

射击指挥仪是为海军炮对海、对岸和对空进行解算的无线电电子装置、光学装置、电气装置、机电装置和计算装置。这些装置组合在一起便构成射击指挥仪系统。按解算的问题和结构形式，海军炮射击指挥仪分为：保障对海或对空射击的，保障对海和对岸射击的，保障对空和对岸射击的，保障对各种运动目标射击的（即通用指挥仪）。使用最广的是通用射击指挥仪，但这种系统中对空射击用的那部分太复杂。

射击指挥仪安装在舰上或海岸炮兵连的专门部位。按射击解算的全面程度，射击指挥仪分为全解式和简解式两种。全解式系统全部是根据各种仪器测得的数据自动进行射击解算，同时考虑到各种气象修正量和弹道修正量。简解式则不能完成全部解算，也不考虑全部修正量。

178. 炮弹有哪些种类？

炮弹的分类方法也有好几种。

一是根据炮弹的不同用途，可以分为：主用弹、特种弹和辅助弹三种。所谓主用弹,是指直接用于杀伤敌人和破坏敌人各种目标的炮弹。特种弹用来完成某些特殊战斗任务,如照明弹、发烟弹、宣传弹等。辅助弹是用来供部队训练和后方靶场试验用的炮弹。

二是根据炮弹的不同结构和装填方法,分成另外三种类型:弹丸和药筒连在一体,叫作定装式炮弹;弹丸和药筒是分开的,叫作分装式炮弹;炮弹不用药筒,弹丸、发射药和点火具分开放置,射击时需要3次装入炮膛的,就称为药包分装式炮弹。

三是按火炮的口径大小来分类。在20毫米~70毫米之间的叫小口径炮弹,70毫米~150毫米之间的叫中口径炮弹,口径在150毫米以上的称大口径炮弹。

179. 炮弹由几部分构成?

炮弹的种类很多,但基本结构还是大体相同的。除迫击炮弹和火箭弹外,大多数炮弹都是从"头"到"脚"按顺序由引信、弹丸、药筒、发射药和底火五大部分组成,每一部分又包括许多大小不同的元件。

引信好比炮弹的"大脑",通常拧在弹头的头部,它是控制弹丸在有利的地点或有利时机爆炸的一种装置。弹丸是炮弹的核心部分,它包括弹壳、弹带、炸药或各种特殊的装填物。药筒在炮弹的下部,大都是用黄铜制成。筒体里面装发射药和其他辅助材料。发射药如同炮弹的"粮食",是弹丸运动力量的源泉。底火装在药筒底部,它里面有火帽和黑色火药,一受撞击就要"发火"。

海军兵器

180. 舰炮的发展怎样才能"柳暗花明又一村"？

火炮自问世以来,一直是用固体发射药发射弹丸,弹丸速度的提高受火药气体速度的限制。舰炮的射弹速度,通常在 1000 米/秒左右,坦克炮射弹速度最高,也没有超过 1980 米/秒,再进一步提高射速就困难了。从理论上讲,能够满足实战需要的常规火炮之射弹初速不大可能超过 2000 米/秒,也就是说,目前人们掌握的火炮技术,已经接近发射能源的极限了。如果想进一步提高初速,只能从改变火炮工作原理上想办法了,就是需要创制新概念火炮如:电磁炮、电热炮等,才能"柳暗花明又一村"。

181. 你听说过"守门员"近程武器系统吗？

"守门员"近程武器系统由荷兰信号设备公司研制生产,1984 年装备部队。"守门员"近程武器系统是继美国"密集阵"系统之后又一个采用雷达、光电和火炮"三位一体"结构形成的全自动近程武器系统。该系统除"三位一体"和大闭环校射技术等特点外,还将搜索雷达安装在炮架上,在火炮射击的同时可以搜索、捕获目标,并且可以跟踪多个目标。它的 GAU-8/7 型 7 管 30 毫米转管炮采用了加特林原理,炮管旋转一周即可完成装填、闭锁、发射、退壳等一系列动作,使射速达到 4200 发/分,比"密集阵"还高 1200 发/分。射击完后的空药筒再自动返回弹鼓中,弹鼓容量为 1190 发。该炮采用的穿甲弹,可以在 2000 米的距离穿透反舰导弹的战斗装甲,并引爆炸药。该炮还装有 8 组电池,可以在舰艇断电时将 238 发炮弹发射出去。它的瞄准速度达91度/秒,瞄准加速度达456度/秒。

"守门员"系统自问世以来,大受各国追捧。希腊、葡萄牙、比利时、智利、韩国、阿联酋和卡塔尔等国纷纷订货,就连英国也把已装在"无敌"号和"卓越"号航母上的"密集阵"换成了"守门员"。

182. "AK-630M型舰炮"有哪些优良性能?

AK-630M型舰炮,是俄罗斯所有大、中型水面战斗舰艇必选的副炮,并成为小型舰艇的主要防空舰炮武器。它的装备范围从导弹艇、气垫船、护卫舰、驱逐舰、巡洋舰到航空母舰,甚至一些辅助舰船,也都安装了AK-630M型舰炮承担防空任务。该型炮已出口到印度、朝鲜、越南等国。

AK-630M型舰炮主要由发射系统、供弹系统、炮塔防护罩、水冷系统、随动系统和弹药等部分组成。它的6根炮管成集束安装,随炮配有2000发炮弹,因此可在不补充弹药的情况下对多批目标进行拦截射击。它的发射系统采用AO-18转管自动机,这种自动机可以借助火炮发射时的火药气体能量维持工作,无需任何外接能源。而美国的"守门员"GAU-8/7型7管30毫米转管炮,驱动炮管转动的电机功率消耗达60千瓦。因此,俄罗斯的AK-630M型舰炮也因此获得了30毫米舰炮5000发/分的世界上最高射速记录。另外,该系统还采用循环淡水冷却炮管,使射管寿命达到8000发。但该系统的炮身长度较短,只有1950毫米(65倍口径),因此,炮弹初始速度低,只有890米/秒。

183. 世界上 130 毫米口径的舰炮中哪一种射速最高?

美国的 MK45 型 127 毫米舰炮的发射速度是 20 发/分,意大利的奥托 127 毫米舰炮是 40 发/分,而俄罗斯尤尔金斯基机械厂生产的 AK-130 舰炮的发射速度则达到了 60 发/分。

俄罗斯的 AK-130 舰炮是由发射系统、供弹系统、瞄准传动系统、随动系统、光电瞄准仪、炮架、炮塔、电器控制系统、液压动力系统、水冷系统、炮弹与自动弹库组成。供弹系统为双通道,分别为每个炮管供弹。舰炮可全自动和半自动操作,全自动时无需人员,半自动时只需 6 名舰员。该炮具有的高射速,配上近炸引信炮弹后,具有拦截反舰导弹的能力。现在俄罗斯海军"光荣"级、"基洛夫"级巡洋舰和"现代"级、"勇敢"级驱逐舰上都装备有 AK-130 舰炮。

184. 军舰上为什么要有水密门和水密隔舱?

一艘大型军舰或商船,犹如一幢"浮动重楼",具有几百个至上千个舱室,豪华的设施,不亚于星级宾馆。但是它与陆地上一切房间相比,最大的特点是各舱室之间的水密性。舰艇在设计时已充分考虑到:在舰体受到炮弹、炸弹命中或碰撞、触礁而破损导致部分舱室进水后仍能稳定漂浮于水面,这种能力称为舰艇抗沉性。为了有良好的抗沉性,在舰体内部设置有水密舱壁,水密舱壁将军舰内部分隔成若干舱室。这种舱壁能承受水的强大压力,水透不过它。这样,一个船舱破损后,水不会进入另一个船舱,保证军舰不因一个舱室破损而沉没。舱室与舱室之间平时必须相通,所以设置了水密门和水密舱口盖。

你是否知道:这项大大提高舰船生存能力的技术是谁最早发明的?告诉你,是中国人。在唐代,我国已经普遍采用了水密舱的造船技术,这一点,在考古挖掘出来的多艘唐船上,可以得到证实。西方国家运用这项技术要比中国晚数百年。

185. 军舰是怎样成为一个整体的?

军舰形状奇特,整体坚固,它的外壳、甲板、隔舱都是用钢板组成的。最初,钢板之间、钢板与构架之间是用铆钉连接的。过去,许多国家海军都举行"首铆式",让国家领导人、海军将领或其他著名人士来为新舰上第一枚铆钉,仪式十分隆重。造成一艘军舰需要千千万万枚铆钉,要花费巨大的劳动力,制造过程长达数年到十余年。后来,使用焊接法,大大加快了军舰建造速度。这样焊接结构便代替了铆接结构。现在除了一些老式军舰外,几乎所有军舰的舰体都是焊接成的。

军舰舰体壳板是浸在水中,是直接经受外力作用的构件,要求壳板保持水密性,并能承受深水压力。骨架是用来保证舰艇整体强度的主要构件,有龙骨、肋骨、横梁、纵梁、肋板等组成。这些部件组成一个统一整体,必须具有足够的强度和刚度。

186. 军舰的"心脏"是什么?

为了使军舰能以一定的速度航行,舰上要有动力装置,它由主机和辅机、管路、设备、轴系组成。

主机是动力装置中最主要的部分,是军舰的心脏。动力装置按主机类型不同,分为蒸汽轮机动力装置、核动力装置,及由不同类型主机组成的联合动力装置。

军舰蒸汽动力装置是最早出现的。早期蒸汽动力装置的主机是往复式蒸汽机,由于它效率低,已被淘汰,被蒸汽轮机所代替。蒸汽轮机动力装置由蒸汽轮机和蒸汽锅炉所组成。利用蒸汽锅炉所产生的高压高温蒸汽,从喷嘴喷出,吹动叶片,使转轮转动,从而带动轴系。蒸汽轮机单机功率大,适合于大型军舰。

187. 燃汽轮机为什么受青睐?

燃汽轮机动力装置是第二次世界大战以后发展起来的。最先用在飞机上,由于它重量轻,启动迅速,所以在现代军舰上也广为采用。舰用燃汽轮机大多采用简单循环,空气从外界进入压气机,经压缩后的空气进入燃烧室,在燃烧室内喷油、点火、燃烧,产生高温高压燃气进入高压涡轮,再经低压涡轮做功后排出,由低压涡轮输出功率带动螺旋桨。

188. 核动力装置为什么力大无比?

核动力装置是利用原子核能作为舰船动力。它的核心部位是核反应堆。核燃料在其中进行裂变反应,不断释放出大量的热能,利用液体——载热介质,持续把热量从核反应堆部位带出,传给蒸汽发生器,产生大量蒸汽,推动汽轮机运转,经减速后带动轴系和螺旋桨转动。为了防止核反应产生的射线伤害人体,核反应堆外有屏障物,它的重量和体积都很大,所以核动力只能在大型军舰和潜艇上应用。

189. 为什么要采取联合动力装置?

军舰联合动力装置,出现于第二次世界大战以后。燃汽轮机具有重量轻、功率大的优点,但耗油高、经济性差,还不能倒车,所以出现了燃汽轮机与柴油机、蒸汽轮机、核动力装置、电力推进联合使用、交替使用的联合动力装置,这可以充分发挥各种主机的优点,并使燃汽轮机的特点得到充分利用。联合动力装置主要用于战斗舰艇上,可以根据不同的战斗使命,在巡航、接近敌舰、进行攻击、追歼逃敌、支援登陆作战、掩护其他舰船等不同情况下航行。一般情况下,在巡航状态和倒车时用柴油机工作,高速航行时用燃汽轮机工作。

此外还有一种联合循环动力装置,以柴油机或燃汽轮机为主要推进动力,利用它们的余热加热水,产生蒸汽,推动辅助汽轮机做功,带动发电机向舰船电站供电,或增加推进功率。

190. 军舰的"耳目"是什么?

大家可能都玩过捉迷藏的游戏,被蒙上眼睛去寻找目标真可以说是寸步难行。军舰上如果没有了电罗经和磁罗经,也就像人被蒙上了眼睛一样。现代罗经就是在我国最早发明的指南针的基础上发展而来的。军舰在茫茫大海上航行要有观通设备和导航设备来进行观测、识别、通讯、联络、导航。舰船的导航设备主要包括:罗经、计程仪、测深仪、测向仪、定位仪、雷达、声呐和无线电通讯设备等。

罗经是指向的仪器,罗经有两种:磁罗经和电罗经。磁场罗经是根据地球南北磁极的原理而制成,由于磁场罗经误差比较大,出现了电罗经。电罗经利用陀螺原理制成。陀螺转动后,具有保持方向的能力,电罗经的心脏部分是陀螺仪,当它转动后,轴线固定地指向正北,不受地磁影响。但是,电罗经一旦断电后就无法工作,这时,磁场罗经就充分发挥了作用。因此,这两种罗经在舰艇上是缺一不可的。

191. 军舰上为什么要装敌我识别器?

同学们,你参加过军训、当过担任警卫任务的哨兵吗?如果有这么一段经历,你必定会懂得值勤的哨兵有内部掌握的"口令"。在黑夜中遇到来历不明的人时就询问:"口令?"对方答后,你也应该对上一句。譬如,口令中规定是"保卫祖国"或"提高警惕"四个字。对方答"保卫",你就对"祖国"。对方答"提高",你就对"警惕"。《智取威虎山》中,座山雕考查杨子荣时问:"天王盖地虎。"杨子荣答:"宝塔镇河妖。"土匪黑话也是一种敌我识别暗号。军舰在茫茫大海上航行,常常遇到不明目标,因此需用敌我识别器发出信号,请对方回答。当然,除此之外,必须根据探测系统获取的目标参数和目标特征,综合有关通报等资料,对所探测的目标属性(敌、我、友)、类型(飞机、导弹、舰艇)进行综合判断。

192. 你知道声呐的发明和"泰坦尼克"号沉没的关系吗?

"声呐"是英文缩写的译音,原文意思是声音导航和测距。声呐是利用声音探测水中目标的重要仪器,是水中使用的一种主要观察技术器材,是当前水中电子对抗的主要对象。

学习过普通物理的朋友们都知道,声音在水中的传播速度为 1500 米/秒,是它在空气中传播速度(340 米/秒)的 4 倍～5 倍。正是由于声音在水中的传播速度快,传播距离远,人们才能使用声呐来探测水中目标。声音在传播过程中,同光的特性一样,能反射和折射。声呐主要是利用该特性进行工作的。

如果海水分子分布很均匀,声波的传播速度是定值,传播的路线是直线。反之,分布不均匀,声速变化,产生折射,传播路线呈曲线。

回音式声呐定位原理与雷达定位原理基本相同,都是利用发射波确定目标的位置。其不同点是:雷达是利用电磁波在空气中的传播来探测目标,而声呐是利用声波在水中的传播来探测水中目标的。发明声呐的是法国科学家朗之万,他得知"泰坦尼克"号沉没后感到十分震惊,于是,他于 1916 年利用真空管制作了一部可接受回声的定位仪,这就是世界上第一部声呐。

水下声呐的使用是广泛的。它能发现敌潜艇的位置,并能引导飞机、水面舰艇和潜艇对其进行攻击;能保证潜艇对水面舰艇实施隐蔽攻击;能发现水雷、防潜栅(网)和暗礁等水中障碍物;有些舰艇上的声呐,还可以进行水中通讯。

193. 声呐站的主要作用是什么?

在重要港口的前沿,往往设有声呐站。它是根据潜艇、水面舰艇、水雷和其他海上目标的方向和距离测定其位置,测量水深,进行各种水文声学测量等的综合装置。多数声呐站还可以测定水中目标的下潜深度、航向及航速。得到这些数据传送给处理系统,作为使用武器之用。

按对周围水域的搜索方法,声呐站分步距搜索、扇形搜索和圆周搜索三种。进行步距和扇形搜索时,发射系统先定向发射声脉冲,随后声学基阵在这个位置停留一段时间,以接收回波信号。然后,基阵水平转动一个步距(5度～15度)或一个扇面(15度～30度),再重复上述的发、收工作周期。大吨位军舰和岸上通常安装低频声呐站,其作用距离可达数十千米。

194. 为什么把雷达称作"海上千里眼"?

雷达是利用电磁波探测目标的电子设备。通过发射电磁波对目标进行照射并接收其反射的回波,由此获得目标的距离、方位、高度、距离变化等信息。具有发现距离远,测定坐标速度快,能全天候使用等特点。可以广泛应用于警戒、引导、武器控制、航行保障等,是一种重要的军事技术装备。现

雷达天线

今飞机和舰艇上都装有各种雷达。

雷达可分为连续波雷达和脉冲雷达两大类。连续波雷达应用较少。使用最普遍的脉冲雷达,主要由天线、收发转换开关、发射机、接收机、定时器、显示器、天线控制器、电源等部分组成。发射机受定时器控制,产生高频大功率的脉冲串,经定向天线向外辐射电磁波。在天线控制器的作用下,天线波束按照指定方式在空间扫描。当电磁波照射到目标时,目标受到激励而产生二次辐射,其中一部分被雷达天线收集,称为回波信号。接收机将回波信号进行放大和变换等处理后,在显示器上显示,发现目标并测得坐标等参数,从而为舰艇航行和作战提供保障。

195. 舰艇上的雷达有哪些用途?

舰艇上雷达种类很多,有用来导航,保证航行安全的;有用来搜索、警戒,发现空中、海上目标的;还有用来制导导弹武器的。舰艇警戒雷达,主要担负舰艇对海、对空警戒,测定目标坐标和运动参数,并为火控雷达提供目标指示。火控雷达,能跟踪海面或空中目标,为武器指挥控制系统提供目标坐标数据;引导雷达,通常为三坐标雷达,能同时准确地测定目标距离、方位和飞行高度等三个坐标,数据率较高;炮瞄雷达,用于跟踪海上和空中目标,保证舰炮瞄准射击;导弹制导雷达,为导弹射击系统提供目标数据,并配合导弹控制系统控制导弹飞行;航海雷达,亦称"导航雷达",用于舰艇的定位、导航,保证航行安全。在能见度不良时,航海雷达能保证舰艇出入港口、通过狭窄水道、沿岸航行和海上避碰，还可用于监视、寻找锚位或海上救援、预测天气。

196. 超视距雷达有什么神奇功能？

据外刊报道，美国通用电气公司研制出一种新型超视距雷达探测系统。它的工作原理是通过电离层反射雷达波，它的探测距离为2896千米，几乎是普通雷达的10倍，它的半圆形探测面积为1265万平方千米，该系统有一个由16个计算机系统组成的大型数据库，可搜集一切进入其探测范围内的飞行器信息，并能识别和显示其所在空域。这套价值为6.8亿美元的新型雷达系统，将部署在美国东北部的缅因州。这是美国计划在其北部一线建立早期预警系统所迈出的第一步。该系统除用于军事外，还将用于探测毒品走私飞机。

197. 你知道什么是相控阵雷达吗？

相控阵雷达是20世纪60年代发展起来的一种新型舰载雷达。它的主要特点是：天线有许许多多天线单元（成千上万个辐射器和移相器），按一定要求排列成阵列形式，利用电子计算机控制天线的各移相器，从而改变阵位上的相位分布，使波束在空间按计算机的预设程序进行扫描。它的波束照射一周的时间，只相当于普通雷达的万分之一，这样不仅可以在极短的时间内高精度、多次数测量同一目标，还可以满足同时跟踪多批目标或边搜索边跟踪的需要。美国、前苏联等海军的相控阵雷达，一般均可达到同时侦测上千个目标，并跟踪数百个目标的水平。

相控阵雷达还具有作用距离远——可探测数百千米以外的空中目标;抗干扰能力强——可进行阻塞干扰探测;便于维修——一旦有少量组件失效仍可工作;并可以在不停机的情况下进行更换等优点。

198. 世界上最早的导弹艇是哪一种?

前苏联在P-6型鱼雷艇基础上,于1959年首先研制出"蚊子"级导弹艇,它摘取了世界上第一艘导弹艇的桂冠。"蚊子"级标准排水量75吨,最大航速40节,装有1座双联装"冥河"反舰导弹发射架,1座双联装25毫米炮。

199. 导弹快艇怎样进行分类?

导弹快艇的分类是根据它的排水量不同,分为大、中、小三种类型。

中国导弹艇编队

大型导弹快艇排水量在200吨～600吨之间,长50米～60米,宽10多米,高2米。如前苏联在1969年研制的"那努什卡"级导弹快艇,就是一种典型的大型导弹快艇，它的标准排水量 600 吨。中型导弹快艇排水量为 100 吨～200 吨，长度 40 米～50 米，宽 7 米～8 米。例如，英国的"坚韧"级导弹快艇就是属于这一类型的导弹艇，它的艇长 44 米，宽 8.1 米，标准排水量 165 吨。小型导弹快艇排水量只有几十吨，与小型鱼雷艇相仿，有的就是鱼雷艇改装的。导弹快艇同鱼雷艇一样，也有滑行艇与水翼艇两种，速度也与鱼雷艇相近。

200. 导弹快艇上装有什么导弹？

一般导弹快艇上装的是对舰导弹。它是一种近程巡航导弹，外形有点像飞机，弹体上有翅膀，尾部有尾翼，弹体长度从 1 米～2 米或 5 米～6 米不等，弹体直径 50 厘米～60 厘米，弹重几百千克，也有超过 1000 千克的。它的射程从几千米到几十千米。例如，前苏联的许多导弹快艇装有"冥河"式对舰导弹，弹重 1640 千克，战斗部装药 500 千克烈性炸药，射程 37 千米。埃及导弹快艇击沉以色列驱逐舰，使用的就是"冥河"式导弹。有些导弹艇上还装了对空导弹，如俄罗斯的"毒蜘蛛"级就装了 SA-N-5 对空导弹。

导弹快艇上的导弹发射架一般为 2 具～4 具，大型的导弹快艇发射架最多达 8 具，成"品"字形布置于驾驶室外附近舷侧甲板上或置于艇首、艇尾。

201. 导弹快艇上的导弹怎样制导？

导弹快艇上的导弹制导方式有多种，有从导弹快艇上发出无线电指令，由雷达引导的遥控制导系统；有利用声波、电波、红外线制导的自动瞄准系统；有利用目标本身发出的声波、电波、红外线来制导导弹的被动式瞄准系统;还有介乎两者之间的是半主动式瞄准系统。自动瞄准系统一旦盯住目标后,紧紧咬住,直到命中目标为止。

随着导弹艇性能的提高,现在多数采取主动式瞄准系统,被动式瞄准系统逐渐被淘汰了。

202. 导弹快艇优缺点在哪里?

导弹快艇由于装备了导弹,使得小艇具有较大的战斗威力,能对付大中型战斗舰艇。导弹快艇的战斗威力决定于导弹武器的数量与性能。一般地说,一艘导弹快艇所具有的战斗威力相当于一艘装有火炮的巡洋舰威力。由于导弹快艇尺度小,排水量小,吃水浅,速度快,机动灵活,所以它的隐蔽性好,像鱼雷艇一样可以利用沿海岛屿、礁石、港湾,甚至海上运输船舶作掩护,出其不意地对敌舰实施突袭。更因为它的发射距离远,使敌舰难于发现,即使发现了,也难于击中它,所以不需要别的舰艇对它进行掩护。再有,它的造价低,能以较小的代价对付强大的入侵敌舰,所以被称为"穷国的武器"。

不过,导弹快艇仍有它的弱点和不足,如续航距离有限,活动范围较小,导弹快艇在海上航行性能差,在恶劣气象条件下不能执行战斗任务。再则,它本身自卫能力差,容易受到敌人航空兵和水面舰艇的袭击,导弹快艇上的导弹抗干扰能力也较弱。这一切,都需要在实践中不断改进和提高。

203. "海中蛟龙、陆上猛虎"用的是什么兵器?

在海军中不仅有舰艇和飞机,还有陆上用的兵器。

这是因为在大多数国家的海军编制中,都有陆战队、岸防兵及警卫部队。在这些部队使用的兵器中,有的同陆军完全一样,有的则是专门制造的,以适应海防和登陆作战的特殊需要。

陆战队的坦克和登陆艇

海军陆战队是一支神奇的部队,它的主要任务是进行两栖登陆和海防作战。因此,被人们誉为"海中蛟龙,陆上猛虎"。海军陆战队使用的武器主要有以下6类。

枪械:步枪、手枪、机枪、冲锋枪、火焰喷射器、榴弹发射器。

火炮:榴弹炮、迫击炮、火箭炮、自行火炮、无后坐力炮、高射炮。

坦克军车:水陆两栖坦克、坦克、水陆两栖装甲车、牵引车、运输车、工程车、通信车、指挥车、LVPT两栖登陆车。

导弹:各种单兵或车载的防空导弹、反坦克导弹。

飞机:歼击机、歼击强击机、强击机、运输机、侦察机、效用机、短距/垂直起降、倾旋转翼飞机及各种直升机。

舰艇:登陆艇、气垫艇、侦察艇、冲锋舟等。

此外，还有爆破、扫雷、防化、破障、潜水、伞降、电子战等方面武器装备。

204."两栖雄狮"装备了哪些坦克和战车？

海军陆战队是进行登陆作战的先锋。它冒着枪林弹

中国海军陆战队的水陆两栖坦克

雨，首先冲上敌方布满障碍和地雷的海岸，因此，海军陆战队赢得了"两栖雄狮"的美名。在登陆作战中，坦克和战车是海军陆战队重要的突击武器。同陆军的坦克和战车相比，陆战队的坦克和战车不仅火力强、机动好，而且便于船运或空运，适合在海滩、岛屿等复杂地形作战，有的本身还具有航渡能力。中国海军陆战队使用的是63式水陆坦克和水陆装甲输送车。63式水陆坦克重18.5吨，装有85毫米炮1门、12.7毫米高射机枪和7.62毫米机枪各1挺。63式水陆装甲运输车重12.8吨，可乘2名车员和13名步兵，装12.7毫米高射机枪1挺。

海军兵器

205. 为什么把海岸炮称作"海岸战神"?

火炮被人们尊称为"战争之神",而海岸炮则被海岸炮兵称为"海岸战神"。在许多次保卫海防要塞、港湾、岛屿的战斗中,海岸炮兵勇敢地操纵着海岸炮,抗击着敌舰的猛烈进攻,写下了一幕幕悲壮的史剧。中国近代史上,关天培血战虎门、陈化成捐躯吴淞、大沽口勇士猛轰八国联军舰队、江阴要塞令日本军舰胆寒。世界战史上,坚守塞瓦斯托波尔海防要塞的俄国海军士兵持续作战340多天,战况异常惨烈;旅顺口失陷,俄国太平洋舰队和海防要塞全部覆灭;仁川月尾岛的朝鲜人民军岸炮连孤军苦战,击伤敌舰艇多艘,直到最后一人。

人民海军岸防兵参加的最大一次作战是炮击金门。1958年8月23日起,先后有10多个海岸炮连参战,发挥了海岸炮射程远、威力猛的特点,给予金门国民党守军和台湾国民党海军舰艇以沉重打击,还出现了被烈火严重烧伤不下火线、壮烈牺牲的英雄炮手安业民。

206. 海岸炮与普通火炮有什么区别?

海岸炮一般配置在沿海、岛屿和水道两侧,分为固定式和移动式两种。固定式设置在永备工事内,移动式由机械牵引或装在铁道列车上。

早期的海岸炮与普通火炮无大差异,基本上是固定式的。但到20世纪初,许多国家统一了舰炮和海岸炮的制造规格,使两者可以互相交换使用,统一称为海军炮。海岸炮的最大特点是攻击海上游动的钢铁目标,所以它的趋势是增大射程,提高命中率和穿甲破坏力,实现指挥和射击的自动化,增强作战持续力,并研制出多种移动式海岸炮。现代海岸炮射程可达 30 千米~48 千米。

中国的海岸炮兵有:180 毫米、152 毫米、130 毫米、100 毫米等不同口径的海岸炮,其中以 130 毫米为多,射程近 30 千米。

207. 为什么把海岸导弹称作"海防神剑"?

海岸导弹亦称岸对舰导弹,是从海岸发射攻击舰船的导弹,也是当今世界海军岸防兵的主要兵器。因为它的射程远,精度高,威力大,已在很大程度上取代了海岸炮。

机动式海岸导弹

海岸导弹一般由弹体、战斗部、推进系统和制导系统组成,可分为固定式和机动式两种。飞行方式都是巡航式,飞行速度均为高亚音速。战斗部一般装普通炸药,也可以是核弹头。推进系统用固体燃料或液体燃料。近程

海军兵器

海岸导弹多用固体燃料火箭发动机,中程海岸导弹多为液体燃料火箭发动机,远程海岸导弹多为涡轮喷气发动机。

20世纪50年代,前苏联将AS-1空对舰导弹改成海岸导弹后,许多国家相继研制出海岸导弹,射程为几十千米到几百千米。比较著名的海岸导弹有俄罗斯的SSC-1B(射程450千米)、SSC-2A(射程80千米～90千米)、瑞典的RBS-15G(射程150千米);挪威的"企鹅"(射程2.5千米～30千米);法、意合制的"奥托马特"(射程160千米～180千米);台湾的"雄风"(射程40千米～104千米)。人民海军先后研制出"上游"、"海鹰"系列的海防导弹,保护着祖国1.8万千米海岸线。

海军兵器

神秘的龙宫巨鲸

208. 潜艇与海洋动物有什么联系？

鱼儿在水中生活是多么自如，又能沉又能浮，于是科学家们就想造出一条这样的船来。

后来，人们经过研究，发现僧帽水母具有充气的浮鳔，乌贼也是靠改变体内水的密度实现沉浮，而鱼是靠精巧的鱼鳔充气和排气进行沉浮的。人们从这些水生动物沉浮机制中获得了启示。

潜艇发明后，由于艇体结构不够科学，受水的阻力大，速度慢，功率低。于是人们模仿海豚和鲸等海兽及鱼的体形结构，改进潜艇的设计，提高航行速度和动力的利用效率。科学家在研究中还发现海兽和鱼类的皮肤有一种粘液，能起到润滑作用。人们就用合成的方法制造了几种粘液，涂在潜艇的表面上，从而提高了航行速度。

209. 谁是"潜艇之父"？

1620年，荷兰物理学家德雷布尔就别出心裁地制造了一条似鱼非鱼、似鲸非鲸的四不像的怪物。这是一条木制的潜水船，它的外壳是涂着油脂的皮革，船的两边开有孔座，桨板从孔座中伸到船外，有12名水手划桨前进。船内装有羊皮囊作为水柜，羊皮囊灌满了水，船就下潜，把羊皮囊内的水挤压出来，船就上浮到水面。它能在4米~5米深的海水中潜航好几个小时。为了保持船内空气新鲜，船内带有特种液体，能吸附二氧化碳。这种潜水船要算是世界上最早的潜艇雏形。德雷布尔也因此成为公认的"潜艇之父"。

210. 什么是"海龟"艇?

海龟有一个厚厚的躯壳,又有能游能潜的本领,多令人羡慕呀!

有一个名叫戴维特·布什内尔的美国人,很早就想造出这样的一条小船到水下旅行。由于独立战争爆发,他在爱国热情的支配下,改变了原来的主意,打算造一条水下小艇,去攻击英国的军舰。"有志者,事竟成。"这条小艇于1775年建成,它的形状如一个瓮,潜在水中像一个尖端朝天的蛋,起名叫"海龟"艇。这艘小艇只由一个人操纵,

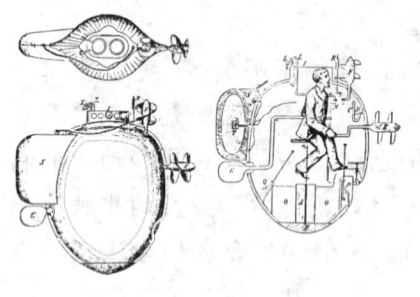

"海龟"潜艇

用手转动螺旋桨使艇前进。它的沉浮也是通过排注海水来控制,在它的艇底还压有重锤,遇到危险时抛掉重锤就可迅速上浮。艇外挂个大炸药桶,进攻时,用长矛钻子在敌舰底部钻个洞,把炸药挂上,启动定时爆炸装置,小艇即离开。这是世界上第一艘用于作战的进攻型潜艇。

211. 最早的人力潜艇是哪国制造的?

"海龟"艇只能容下一人,实战价值不大。在美国南北战争期间,南军海军上校亨莱建造了一艘潜艇,它是由一台锅炉改装而成的。艇内有8名桨手,通过曲柄轴转动船尾的三叶片螺旋桨,每小时能行6.44千米。"亨莱"号潜艇可以拖带水雷,内装90磅炸药,用缆索拖着。当

攻击敌舰时,可潜到敌舰下方,把水雷拖到敌舰附近,引爆水雷。

"亨莱"号建成后在试航时屡出故障,多次造成人员丧生,于是人们给它起了个外号叫"水下棺材"。1884年2月17日,"亨莱"号在出击时与北军军舰同归于尽。它的命运虽很悲惨,但却赢得了历史上第一艘击沉敌舰的人力潜艇的美名,记载在潜艇史上。

212. 最早的风帆潜艇是什么样的?

1801年,美国人罗伯特·富尔顿为法国政府设计制造了一艘形状像雪梨、长6米的风帆潜艇,潜艇的骨架是铁的,表面是铜的。艇体上部设有能折叠的桅杆,舱内有

风帆潜艇

绞车,连着螺旋桨。风帆潜艇靠风力来推动,速度每小时两海里,能潜入水下八九米深。潜艇贮藏着压缩空气,能在水下停留8个小时。潜艇还配有水雷,用于水下战斗。有一次,法国人使用这种风帆潜艇,携带20磅重的水雷去攻击一条小船,但没有成功。因此,富尔顿的风帆潜艇

没有被法国政府所重视,拿破仑还把富尔顿当做"骗子"加以嘲笑。从此,富尔顿回到美国,专门致力于蒸汽动力的研究,风帆潜艇从此就在历史舞台上消失了。

213. 最早的机械动力潜艇何年诞生?

法国在1864年制成了世界上第一艘机械动力潜艇"潜水员"号,艇内安装了一台80马力的压缩空气发动机。这艘潜艇由于设计不完善,未能实际使用。

1873年,从爱尔兰移居美国的一名中学教师约翰·霍兰开始研制机械动力潜艇,起名"霍兰1"号。这艘潜艇因艇身太小,不能用于水下战斗。

1881年,霍兰又建造了一艘"霍兰2"号潜艇,长9.45米,排水量19吨,也是内燃机做动力。艇上安装了一门3.35米长的发射水雷的气动炮。这就是世界上第一艘机械动力潜艇。

1900年,美国海军向霍兰购买了一艘潜艇,翻开了美国海军潜艇史的第一页。这艘"霍兰"号潜艇水下排水量140吨,水上航速7.4节,水下5节,采用内燃机和电动机联合动力推进,并可带3具鱼雷。

214. 最早的鱼雷潜艇是怎么出现的?

人们造出了潜艇,自然想到了装上最为厉害的武器。瑞典人诺德费尔特与英国人迦莱德合作,设计出一艘名为"诺德费尔特1"号潜艇,于1881年开始建造,1885年建成下水。这是当时的一艘大型潜艇,长19.1米,宽2.7米,排水量60吨,用蒸汽作动力,能发射鱼雷。鱼雷发射管安装在潜艇的头部。在导弹武器出现以前,鱼雷是潜艇上最重要的主战武器。

1885年,"诺德费尔特1"号潜艇试航成功后,引起了许多国家的海军专家和官员的兴趣,希腊、土耳其、俄国等国家纷纷订购这种潜艇。

215. 潜艇有哪些特点？

相对于水面舰艇来说,潜艇的历史要短得多。然而,潜艇后来居上,以其特有的优良隐蔽性和巨大攻击力袭击敌方舰艇或海岸基地,拦截敌方的海上运输船队,成为海洋中克敌制胜的重要兵器。潜艇主要分为常规动力潜艇和核动力潜艇；鱼雷潜艇和导弹潜艇等类型。

潜艇在海战中的威力是很大的,它和水面舰艇相比,具有很多长处和明显特点。

潜艇最大的特点是隐蔽性好。潜艇活动在水中,海水是它最好的天然屏障,使水面舰艇、飞机和卫星的侦察都不易发现。

潜艇的第二个特点是有较强的突击威力。常规动力潜艇,一般有4个～8个鱼雷发射管,携带6枚～16枚备用鱼雷；导弹潜艇携带3枚～16枚导弹。这些导弹,有的可以是核弹头。

潜艇的第三个特点是续航力大。常规动力潜艇,续航力最大的为2万多海里,核动力潜艇可以在水下绕地球好几圈。

潜艇的第四个特点是自给力强。常规潜艇一次可以在水下活动30天～60天,核动力潜艇的自给力更强,这使潜艇具有远离基地作战的能力。

世界上尽善尽美的东西是没有的,潜艇也有不少弱点。它主要的弱点是自卫能力弱,只有进攻性武器,防御性武器很少。一旦被敌方反潜兵力发现,只有迅速潜水规避,几乎没有招架之力。尤其是被反潜飞机发现后,对潜艇的威胁性更大。

潜艇与岸上的通信联络也是困难的。由于电磁场波在水中容易衰耗,影响通信距离,使潜艇必须上浮到一定深度才能通信,这就破坏了它的隐蔽性。

应该看到,潜艇虽然有些弱点,但是优点是主要的,它的战斗力是巨大的,尤其是核动力潜艇,成为海军装备中的战略武器和"杀手锏"。

216. 潜艇为什么能神兵出海?

潜艇被称为神出鬼没的奇兵。它在战斗中主要作用有以下几点:

一是袭击陆上重要目标,摧毁敌人的战略设施。用它携带的战略导弹攻击敌人的政治、军事、经济中心和指挥机构,动摇敌国的军心民心。

二是攻击敌大中型水面舰艇和海上运输船。潜艇在暗处,目标在明处,因此攻击的突然性大,效果好。

三是与敌潜艇斗争。以潜艇反潜艇,比其他反潜兵力更为优越,许多国家都建造了专门的反潜潜艇。

四是担任布雷等任务。水雷的威力主要是隐蔽性,潜艇布雷变幻莫测,在敌人的港口、海湾和航道上布雷,对封锁、打击敌人舰船所起的作用很大。

217. 潜艇是怎样迅速下潜的?

潜艇不仅要能做到下潜上浮,遇到紧急情况时,还要求能紧急下潜。怎样才能下潜得快呢?唯一的办法是在短时间内给潜艇增加重量。为此,潜艇除了有主水柜外,还备有一个速潜柜。在正常情况下,速潜柜不灌水。如果主水柜和速潜柜同时灌水,这样就加快了下潜的速度,从水面潜入水下就可在几十秒钟内完成。

在速潜之后,潜艇总重量大于潜艇体积排开水的重量,会使潜艇沉入海底。为了避免这一点,当潜艇潜到水下一定深度后,必须及时用高压气把速潜柜的水排出去,以保证潜艇水下平衡。

218. 潜艇有什么样的"眼睛"?

人和动物都长有眼睛,潜艇在水下,它的"眼睛"就是潜望镜和雷达。

潜望镜是根据光学的原理制成的观察器材,由镜筒和镜片等组成。镜筒长达8米～15米,镜筒内按不同的角度装有许多镜片,可以反射物体的形象。潜艇在水下,把潜望镜伸到水面上来,下面的观察员转动它,就可以测出目标的方位和距离。为

在水下观测

了隐蔽,只准露水面10厘米左右,并且用时伸出,不用时缩回,以避免被敌人发现。所以人们称潜艇有"神秘的眼睛"。

雷达也可以观察情况,发现水面上的目标。它是靠发射电磁波,将水面上目标情况反映到荧光屏上,进行分析研究,测出目标的方位和距离。

219. 潜艇的"耳朵"是什么?

人们一定知道,人不能接收外界信息叫作"闭目塞听"。眼睛看物,耳朵听声,两者缺一不可。那么,潜艇的"耳朵"是什么呢?这就是声呐。潜艇上装备了两种声呐,一种是主动式声呐,另一种是被动式声呐。主动式声呐发射声波,声波遇到目标后反射回来,接收器收到这种回波后,就知道目标的方位和距离了。被动式声呐不发射声波,靠接收敌舰船螺旋桨转动或其他机械工作时发出的声响去发现敌人。

潜艇有了灵敏的"耳目"后,就能及时而准确地发现目标了。

220. 潜艇在水下怎样知道自己的艇位?

人们外出到一个陌生的地方,常要买一张地图,才能行走方便。潜艇在水下航行,也必备海图。有了海图,再用四种方法就可以搞清楚自己所在的位置了。

一是推算方法。潜艇在航行时,其航行的路线和航行的速度是知道的,这样根据航行的时间就可推算出潜艇的大致位置。

二是观测方法。通过潜望镜、雷达、声呐、六分仪等设备观测岛屿和天体,然后经过计算,从海图上随时可以知道自己的位置。

三是导航的方法。岸上设有导航站,当导航台发出无线电信号时,潜艇可以接收到。潜艇还可以借用卫星导航。

四是装于艇内的惯性导航仪器。利用测量潜艇运动时的惯性原理,通过计算机处理,不停地将潜艇所在地的地理坐标打印或标绘出来。

221. 潜艇在水下怎样"隐身"?

保持隐蔽性对潜艇来说是至关重要的。潜艇的"隐身术"有下列几种:

一是尽量降低噪音。首先,也是最直接的办法就是加大下潜深度。如前苏联"台风"级潜艇最大可下潜到400多米。在这样深的海底,要知道它的行踪当然是困难的。其次,是减少机械工作时的噪音,使对方被动式声呐的探测距离大大缩短。

二是减少声反射和雷达反射。在潜艇上敷设吸声材料,如橡胶陶瓷、泡沫橡胶等。

三是在潜望镜和雷达天线上敷上吸收雷达波的材料,以减少回波在敌方雷达上的显亮程度。

四是使用各种伪装器材,如气幕弹、干扰器、潜艇模拟器等。

这几种方法目前被各国普遍采用,从而更增强了潜艇的隐蔽性。

222. 在第二次世界大战中潜艇如何大开杀戒?

第二次世界大战期间,潜艇的数量猛增,性能、装备也有了较大发展,战果更加显著,再次显示了潜艇在海战中的重要地位和作用。

战争开始时,各参战国共有潜艇496艘,战争期间又建造了1669艘,使潜艇总数达到了2100余艘。据统计,在第二次世界大战期间,潜艇击沉的作战舰艇395艘,其中包括战列舰3艘,航空母舰17艘,巡洋舰32艘,驱逐舰122艘,击沉运输舰船5000余艘,总吨位达2000余万吨,占被击沉的运输舰船总数的60%左右。尤其是德国潜艇采用的"狼群"战术给盟国舰船打击极大。

223. 为什么"小鲨"能咬死大"金刚"?

讲到在太平洋战争中击败日本海军联合舰队,你也许会首先想到美国强大的航母编队浩浩荡荡地行进在辽阔的大洋上。可是,你知道吗?美国的潜艇也是歼灭日舰的功臣之一。

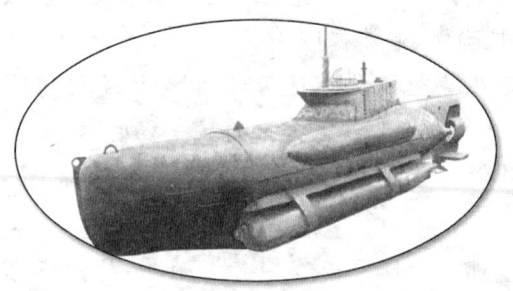

"小鲨"级袖珍潜艇

"珍珠港事件"后,美国海军主力遭到惨重损失,美国海军决定反击。在赶造航空母舰的同时,也加紧研制新式潜艇,这就是"小鲨"级潜艇,以取代现役的旧式潜艇。这种潜艇水下排水量2415吨,长95米,宽8.3米,吃水4.6米,由柴油机—电动机推进,水上航速20节,水下10节,装有533毫米鱼雷发射管10个,备雷24枚。艇上还装有127毫米炮和40毫米自动炮。在大战期间,"小鲨"级共建造了188艘,成为对日本舰队作战的主力潜艇。

据战后统计,美国以"小鲨"为主的潜艇共击沉日本舰船1314艘,合计530万吨,占日本舰船损失的55%。其中,最有名的是:1944年6月13日在菲律宾海域,"大青花鱼"号击沉日本航母"大凤"号(2.93万吨),"棘鳍"号击沉日本航母"翔鹤"号(2.5675万吨);1944年11月28日在东京湾,"射水鱼"号击沉日本最大的也是当时世界最大的航母"信浓"号(6.2万吨);1944年11月21日,在台湾以北海域,"海狮"号击沉日本战列舰"金刚"号(2.933万吨)。

224. 第二次世界大战中潜艇有什么新发展?

第二次世界大战中的海战场,是风云激荡、波澜壮阔的,有许多战役比陆地战役更激烈。其间,潜艇作为锋芒毕露的海洋主战武器,在机动性、隐蔽性、武器装备、技术装备等方面都有较大的发展。有的潜艇水面最大航速达18节,下潜深度达200米左右。战争期间建造的潜艇,加强了防空火力,装备了新的鱼雷射击指挥仪,使潜艇在水下较大深度上能用仪器进行鱼雷攻击计算并发射鱼雷。

战争后期,又在潜艇上装备了电动自导鱼雷、雷达和雷达侦察仪、新式声呐,使潜艇的攻击能力、防御能力均有较大提高。此外,德国还在潜艇上安装了通气管,提高了潜艇在水下活动时间。德国的Ⅶ和ⅩⅪ级,美国的"小鲨"级,日本的伊、吕级,英国的S、T、U及X级,都是在大战中表现出色的潜艇。

225. 什么是德国海军的"狼群"?

德国海军同英、美等国海军相比,差得很远。可是,德国的潜艇却在两次世界大战中大出风头,曾经让盟国舰船损伤惨重。据统计,在第一次世界大战中,德国潜艇就用鱼雷或水雷击沉敌方战列舰10艘、巡洋舰18艘、驱逐舰20艘、潜艇9艘、商船5234艘。

在第二次世界大战中,德国海军潜艇部队司令(后任海军司令)邓尼茨提出了"狼群"战术,更使盟国的水兵和船员不寒而栗。那么,什么是"狼群"战术呢?按邓尼茨的意思就是:用6至8艘或更多的潜艇事先在盟国运输船队的航线上巡逻,各艇之间相距20海里左右;其中一艘潜艇发现目标后,立即报告指挥部,并继续跟踪;指挥官马上命令其他潜艇向目标靠拢;在白天抢占有利位置,等天黑后,穿过盟国护航舰,对盟国运输船攻击;天快亮时,迅速撤出,驶向下一个有利海区,准备再发动一次夜袭。据说,邓尼茨酷爱打猎,他在阿尔卑斯山中多次观察狼群捕食小动物,从中得到了启示。他认为:实行"狼群"战术必须有两个条件,一是有足够的潜艇,二是通信设备完善。

采用"狼群"战术,德国海军果然取得了很大的战果,使盟国舰船损失大为上升。仅1940年10月,德国海军就击沉了盟国商船35.2万吨。

226. 英国为何特别害怕德国的"袖珍潜艇"?

所谓"袖珍潜艇",是吨位仅几十吨的"小不点"。有着庞大舰队的大英帝国海军,为何特别害怕德国的这种武器呢?原来,在第二次世界大战中,纳粹德国为了对付

早期的德国袖珍潜艇

英国强大的海上舰队,曾计划建造一批自杀型袖珍潜艇,企图给英国舰队致命的打击。袖珍潜艇体积小,隐蔽性强,不易被敌舰发现,虽然其载弹量较小,但作自杀性攻击时,给对方舰艇的打击是难以抵御的。英军得知这一消息后,无不惊恐万状,赶紧出动间谍把德军的袖珍潜艇基地炸毁,才使得英国免遭这场灾难。

227. 世界上最小的潜艇是哪一艘?

到目前为止,世界上最小的潜艇是1981年在挪威斯

培格西边的码头潜入北海的"曼蒂斯"号。"曼蒂斯"的意思是"圣母的小马"。这艘潜艇长度仅有2米,只能供一人在里面平骑。潜艇由一根皮绳与码头相连。皮绳可以把"曼蒂斯"拉回码头或沉入深海,同时还能给它输送电能。"曼蒂斯"带有1台电动机,由驾驶员控制,可以使潜艇向任何方向移动。

228. 世界上什么潜艇最大?

到目前为止,世界上最大的潜艇是前苏联在20世纪80年代建造的"台风"级核动力战略导弹潜艇。这种潜艇,主要用于对陆上重要目标进行战略核突袭。首艇于1984年服役,引起了美国很大的惊恐。"台风"级潜艇水上排水量1.85万吨,水下排水量2.65万吨,艇长171.5米,宽24.6米,吃水13米,水下航速25节以上,下潜深度通常在450米,下潜最大深度1000米左右,艇员150人。武器装备有20个弹道导弹垂直发射筒,携带SS-N-20导弹20枚,每枚导弹有6个~9个分弹头,每个弹头为20万吨梯恩梯当量,射程8300千米。艇体采用钛合金钢,为双壳体结构,受攻击时可减少对潜艇造成的破坏。具有较强的破冰能力,可在北极海区冰下航行和发射导弹。

229. 第二次世界大战后哪个国家建造的潜艇最多?

前苏联在战后建成了世界上最大的潜艇部队,从1946年至1971年,就共建造了常规潜艇482艘,位居世界第一。其中,有常规动力的Z、Q、W、G、J、K、T、F、R等级别,数量最多的是W级的潜艇。为了对付美国的航空母舰,前苏联建造了一定数量的巡航导弹潜艇和弹道导弹潜艇。例如 J 级巡航导弹潜艇,水下排水量 2500 吨,长 100 米,柴油电机作为动力,水下航速 15 节,装有 4 具巡航导弹发射器。G 级潜艇是常规动力弹道导弹潜艇,水下排水量 2800 吨,长 97.5 米,水下速度 17 节,艇上装有 3 具垂直弹道导弹发射架。

230. 美国发展常规潜艇采取什么方针?

美国要充当海洋霸主、世界宪兵,所以,它以发展航空母舰编队为主,对发展潜艇采用多试少建的方针,从不断试验中提高战术、技术性能,探索最好的艇型和适合于潜艇的新的动力装置、观通设备及武器系统。根据这一指导思想,美国在战后建造了 5 种型号常规潜艇,有巡航导弹潜艇、雷达哨潜艇、反潜潜艇、多用途攻击潜艇和试验潜艇。但是,每种型号都只制造数艘。

231. 最早的遥控潜艇是什么样的?

大洋底部是个神秘的世界,由于技术上的原因,载人的潜艇还难以到达几千米深的海底,探看那里的奥秘。于是人们就想出了用遥控的办法。

世界上最早的一艘无人操纵的遥控潜艇诞生于法国。这艘潜艇长 4 米,可以潜入 6000 米深的海底,能在深水中停留数小时。在一天之内,可搜索 50 千米长、6 米宽的海域。该潜艇上装有摄影机,每隔 5 秒～10 秒拍摄一次海底照片。它是靠声波控制的。

232. 怎样给"水下蛟龙"送信?

我们知道,进行无线电通信的设备是电台。一部无线电台包括发射机、接收机、天线和电源等部分构成。它能发信又能收信。

依据发、收无线电波波长不同,电台可有多种,如有长波电台、短波电台、超短波电台等等,它们各有不同的通信特点。

由于液体能吸收电磁波,所以短波在水中很快就衰竭了,而长波能穿透一定深度的水层。

为了能解决与潜在深水中的潜艇通信,在陆地上设置了大功率的长波电台,以保持指挥机关对水下潜艇的联络。长波电台还可对远洋舰艇指挥以及对舰艇、飞机远距离导航。

233. 是谁设计了世界上第一艘核潜艇?

1955年1月17日早晨,在美国康涅狄格州格罗顿船厂码头上,人群沸腾,码头边停靠着一艘体积庞大、武装

航行中的潜水艇

独特的潜艇。新闻界的记者们在潜艇周围川流不息,这是因为它是世界上第一艘体内装着核反应堆的潜艇。现在,首航就要开始了,这将是开创核动力航行的新纪元。在核潜艇的舱室里,挤满了建造这艘潜艇的工程技术人员。他们之中有一个人几年前还是默默无闻的上校军官,如今成了头号新闻人物。他就是被称为核潜艇之父的海曼·乔治·里科弗。

里科弗于1900年11月17日出生在俄国。他在幼年时期随父母移居美国,在海军学院毕业后成为一名潜艇长,后又调到了电气局。开始他对核知识一无所知,经过10余年钻研,他从一名普通的海军工程技术人员飞跃成为世界知名的科学家,并实现了研制核潜艇的伟业。为此,他被晋升为海军少将。

里科弗领导设计的世界上第一艘核动力潜艇被命名为"鹦鹉螺"号,于1951年开始正式建造,1954年1月下水,艾森豪威尔总统夫妇出席了下水仪式,总统夫人按西方习俗,将一瓶香槟酒投向新艇,祝新艇一帆风顺。

这艘核潜艇长98.6米,水下排水量4250吨,水下航速每小时20海里,这艘潜艇比常见的常规潜艇航速快一倍多,而且能长时间在水下航行,续航能力比常规潜艇强近10倍,它可以绕地球数圈而不需要增添燃料,而且90%以上的时间能在水下活动,因而大大提高了隐蔽性。"鹦鹉螺"号的武器是6具鱼雷发射管,备有18枚533毫米鱼雷。首航获得了成功。

这艘世界上最早的核动力潜艇已于1979年5月退役,现停放在格罗顿码头上,供游人参观。美国还在该艇旁边建有潜艇博物馆。

234. 核潜艇有什么特点?

核潜艇无论从吨位、构造和动力设备,还是战斗性能,都与一般潜艇有很大的不同。

从排水量来说,核潜艇要比常规潜艇大得多,甚至相差几十倍。

从构造形状来说,一般潜艇艇体的外形像一支雪茄烟,而核潜艇则是水滴形。

核潜艇和一般潜艇最大区别是动力不同。核潜艇的动力是核反应堆,功率达几万马力,因而它的速度超过一般潜艇一倍多,最快能达30多节。

核潜艇自给能力强、隐蔽性好,核动力不需要氧气助燃,可以安装用电量大的空气调节装置,因而可以一直在水下潜航,而普通潜艇则需要充电,解决氧气不足等问题。

核潜艇武器威力大,性能好,特别是弹道导弹核潜艇所载的导弹数量、威力、射程,均是常规潜艇无法比拟的。

235. 最早的弹道导弹核潜艇是哪一艘?

弹道导弹核潜艇装有弹道式导弹,它是具有战略威慑力量的武器,可以在深海处攻击对方的政治、经济、文化中心和其他战略目标。

世界上第一艘弹道导弹核潜艇,是美国的"乔治·华盛顿"号。该潜艇长116米,宽8米,高8.3米,水下排水量为6700吨,水下最大时速为22海里~24海里。艇上装有16枚"北极星"弹道导弹,导弹射程为2200千米,核弹头的威力相当于60万吨的梯恩梯炸药。

弹道导弹核潜艇,不仅可以在水面发射导弹,还可以在水下发射。在水下,导弹是利用压缩气体来发射的。1960年7月,"乔治·华盛顿"号在水下发射导弹成功。

后来,美国又先后建造了"艾伦"、"拉斐特"、"俄亥俄"等新级别的核潜艇,艇上所载的导弹也逐步换成了新式的"海神"和"三叉戟"。

此外,先后推出的弹道导弹核潜艇还有前苏联的H、Y、D、"台风"级,英国的"决心"、"先锋"级,法国的"可畏"、"不屈"、"凯旋"级。

236. 美国"长尾鲨"号核潜艇是怎么遇难的?

"长尾鲨"号核潜艇于1961年服役,水下排水量为4242吨,水下航速30节,最大下潜深度400米,自给力60昼夜。1963年4月9日,"长尾鲨"号经大修后顺利地结束了浅海试航。次日,在大西洋中要进行深潜试验。艇长哈维少校对"长尾鲨"号的性能十分满意,他知道这是美国海军中最先进的攻击型潜艇,艇体首次采用了新研制出来的HY-8高强度钢制造。当他与救生舰"云雀"号取得联系后就开始下潜。下潜距试验深度还差90米,"云雀"号的声呐兵听到用高压空气吹除压载水舱的声音。

"云雀"号呼叫:"贵艇情况不良,请告深度、航向及速度。"未见回答。又过了几分钟,"云雀"号发现"长尾鲨"号已经超过安全深度,仍无回音。接着,声呐兵听到了艇体的压溃声。

"长尾鲨"号试验的海区深度为2700米,当艇体下潜超过1000米之后,巨大的海水压力就把艇体压溃,于是潜艇就成了铁棺材。艇上的108名官兵和21名其他工作人员无一生还。

237. "共青团"号核潜艇是怎么遇难的?

前苏联的核潜艇曾多次出现过事故,最可怕的是当属编号为K278的"共青团"号核潜艇。西方人士将这艘潜艇列为最神秘的潜艇。"共青团"号核潜艇艇长122米,宽11.5米,排水量9700吨,是当时世界上最大的潜艇。该艇最特殊之处就是它的钛壳,可以深潜至1000米。可携带核弹头和鱼雷,是对抗敌方的"杀手"。

1989年4月7日,该潜艇在巴伦支海完成了例行的潜航任务。返回时,突然发现第七舱起火,火势迅速蔓延,使其他机械故障接连发生。更为可怕的是毒气扩散,在舱室内弥漫。接着发生剧烈爆炸,艇员纷纷落水。傍晚时分,30名幸存者被苏联军舰救起,其中3人在返航途中死亡,艇上其余人员全部殉难。

238. 你知道谁最早使用核潜艇作战吗?

1982年4月2日,阿根廷出兵攻占了与英国有争议的马尔维纳斯群岛。3天后,英国庞大的特混舰队远征大西洋。4月底,阿根廷海军的第二大战舰——1.3万多吨的"贝尔格拉诺将军"号重巡洋舰单独在英国政府宣布的封锁区以

"征服者"号核潜艇

外巡逻,被英国核动力潜艇"征服者"号跟踪。5月2日上午,英国首相撒切尔夫人签署了攻击阿舰的命令,"征服者"号迅速向阿舰逼近。傍晚时分,英国核潜艇在相距30千米处向阿舰发射"虎鱼"线导鱼雷,两枚鱼雷先后击中阿舰,军舰很快倾斜下沉。40分钟后,"贝尔格拉诺将军"号沉没到400米深的海底。舰上1091名官兵中有321人丧生,其余经抢救脱险。

这是核潜艇第一次参加实战,并发挥出惊人的威力。

239. 中国最早的潜艇是怎样造出来的?

1880年夏,在一名姓陈的官员主持下,天津机器局制成中国第一艘潜艇。当时被叫作"水下机船"。据报纸记载:它"式如橄榄,上有水标及吸水机,水标缩入船一尺,船即入水一尺,可于水底暗送水雷,置于敌船之下。"在当时非常简陋的条件下,制造出这艘潜艇显示了中国人的智慧。

240. 中国人民海军是什么时候有潜艇部队的?

人民海军建设初期首先组建的是常规动力潜艇部队。为了培训人才,海军于1951年4月成立了275人的潜艇学习队,到前苏联海军太平洋舰队驻旅顺潜艇分队学习。在学习期间,周恩来、朱德、彭德怀、刘伯承、罗瑞卿等中央军委领导人先后到学习队视察,鼓励学员们刻苦学习,为创建中国第一支潜艇部队作出贡献。周恩来还为学习队题词:"遵照毛主席指示,学会潜艇作战。"与此同时,海军于1952年5月在青岛修建了第一个潜艇基地。

1954年6月19日,中国人民海军第一支潜艇部队宣告成立,并接收了向前苏联购买的2艘旧式潜艇,分别被命名为"新中国11"号和"新中国12"号。同年7月,又接收了2艘。在此基础上,潜艇部队就逐步发展起来了。

241. 我国潜艇部队经历了什么样的成长历程?

20世纪30年代至40年代,国民党海军曾数次派人到德国、英国考察和接受潜艇训练,并订购潜艇和与潜艇配套的武器装备,但后来都因对方撕毁合同而告终。潜艇在旧中国海军官兵心目中,仅是一场梦。

新中国成立后,我国潜艇部队的建设经历了准备阶段、初建阶段、发展阶段,目前已经开始了全面向现代化迈进的阶段。

我国的潜艇也早已由购买、仿制阶段,进入自制阶段。现在国产的多种型号的潜艇已遍于祖国的四海。特别是我国已经自造了多艘核潜艇,潜艇的现代化程度也有显著提高。1982年10月,我国水下发射运载火箭试验成功,不仅大大提高了潜艇部队的战斗力,而且使整个海军装备发生了重大变化。目前,新一代"039"型常规动力潜艇和"093"核动力潜艇已列装。

242. 我国常规潜艇远航能力如何?

潜艇是一种在水下进行战斗活动的兵种,要充分发挥潜艇坚持水下作战的特点,艇员们在平时就要进行练技术、练战术、练思想、练作风、练生活的水下远航训练。潜艇的远航训练,早在1959年就开始了。参加第一次远航训练的有3艘潜艇:426、425、414号。当时进行远航训

海军兵器

练困难很多,概括起来是"四个没有":没有航行资料,没有操作经验,没有完整的备品,没有适用的成套食品。三艇的指战员迎着困难上,硬是闯出了路子,完成了为期22天的远航任务。自从三艇第一次远航胜利归来后,潜艇的远航活动就进一步开展起来了。现在我国常规潜艇可以连续航行50天以上,航行距离和深度,都可以达到潜艇性能所能达到的最大限度。

243. 我国是什么时候开始研制核潜艇的?

1958年的一个夜晚。三星西垂,万籁俱寂。聂荣臻元帅面对浩瀚的夜空,毫无睡意。一份标着"绝密"字样的文稿,以极快的速度经过毛泽东、周恩来、邓小平、彭德怀等人的批阅,又回到了聂荣臻元帅那张宽大的办公桌。这份报告说美国多艘核潜艇已陆续投入海军服役,前苏联和英、法等国核动力潜艇已开始建造,世界海军发展将发生非同小可的战略性飞跃。核潜艇隐蔽在大洋深处,即使国家遭到核打击,在海洋深处只要有一艘核潜艇,就有对敌人进行第二次核报复的力量。机不可失,时不我待,必须跟上世界潮流,抢占科学制高点,否则就将被落入被动挨打、任人宰割的可悲局面。于是就有了聂帅的紧急报告,也就有了领袖们的快速批复,以后就有了研制核潜艇的一系列非常措施。

244. 中国第一艘核潜艇是什么时候问世的?

就在中国研制核潜艇开始不久,发生了三年严重的自然灾害,经济建设处于最困难时期。党中央制定了"调整、巩固、充实、提高"的国民经济建设八字方针,把研究

179

原子弹、氢弹放在第一位,其他项目都要进行调整和缩减。核潜艇也只好忍痛放下了。

1964年10月,中国原子弹试验成功,1965年3月,六机部七院成立核潜艇总体研究机构。中国核潜艇工程从搁浅的沙滩上重新下水,开足马力,驶向茫茫大海。

就在核潜艇研制的关键时刻,发生了"文化大革命",聂帅经过艰苦努力,经得毛主席审批,下达了核潜艇研制工程要继续全力以赴的"特别公函"。

1970年12月26日,在毛泽东诞辰77周年纪念日,中国第一艘核潜艇离开了船台,滑向船坞。中国的核潜艇终于问世了。1971年8月23日,我国第一艘核潜艇响起三声高亢的汽笛,驶向大海深处。1974年8月1日,中央军委发布命令,我国第一艘核潜艇被命名为"长征1"号。

245. 中国潜艇是何时从水下发射运载火箭的?

1982年10月12日,又是一个令中国人民扬眉吐气的日子。这天,阳光把北部中国海照得金光灿灿。在潜艇运载火箭发射区碧波下几十米深处,艇长石宗礼沉着指挥,潜艇稳稳地定在预定的发射深度上。接着,发射进入了倒计时。

"发射灯亮!"副发射部门长报告。"5—4—3—2—1",石艇长坚定果断地命令:"发射!"

一枚乳白色的运载火箭冲破蓝缎似的海面,直冲蓝天。运载火箭尾部喷射着一股长长的火焰,直冲碧蓝的苍穹。火箭准确地落在太平洋预定地点。

这一壮举在国际上引起了很大的震动,许多国家纷纷发表评论。美国《海军学会报》写道:"事情变得很清楚,中华人民共和国即将成为世界上第五个拥有以海洋为基地具有威慑力量的核大国。"

246. 常规潜艇的发展方向是什么?

当核潜艇出现以后,一度曾使常规潜艇黯然失色,发展几乎停滞。然而,常规潜艇独具的特长:艇身小、机动灵活、噪音低及造价低廉,使其逐渐重新为各国海军所垂青。战后至今,常规潜艇的研制出现多次突破,许多技术、战术性能几乎可与核潜艇相媲美。一是水下航速明显提高,由于采用了大功率的高速、中速柴油机,潜艇水下航速已增至20节左右,最高的达25节;二是隐蔽性能增强,如减少噪音,采用高强度钢作外壳,加大下潜深度等;三是攻击威力骤增,鱼雷武器性能改进,常规潜艇也安装了导弹武器,甚至弹道导弹。这一切,使常规潜艇令人刮目相看。

247. 世界上著名的常规潜艇有哪些?

近些年来,新式先进的常规潜艇不断涌现,其中最负盛名的是前苏联的K级、英国的2400型、德国的209级和、日本的"春潮"级、荷兰的"海象"级。

K级(即877型)艇是前苏联第一种水滴型常规潜艇,排水量2500吨(水下3200吨),采用双层底壳,最大下潜深度500米。艇上装8具533毫米鱼雷,可发射SS-N-16导弹。艇壳上涂有吸音层。

英国2400型于80年代初设计定型,1987年服役。

艇上武备精良,载有新式鱼雷和"鱼叉"反舰导弹,可执行反潜、反舰和水下侦察等多种任务,并兼备远洋和浅海作战能力。

荷兰的"海象"级安装了目前世界上最大的X形舵,使其适合浅水活动,机动性好。艇壳采用高强度钢,深潜达300米以上。

248. 未来潜艇有什么样的动力?

在潜艇动力方面,各国科学家们将对核潜艇的核燃料和核发动机做一些改进,延长潜航时间。核动力推进是目前潜艇水下最佳的推进方式,一些军事家们分析,除非超导发动机的研制有意想不到的进展,近一个世纪内不可能有更为先进的潜艇推进方式出现。所以核动力很可能是未来潜艇最主要的推进方式。

与此同时,造船工程师们还想用减少艇体开孔和艇体表面喷涂一种高分子聚合物入手,来减少艇体在水中的阻力。还有一些工程师提出建造"波动潜艇",使潜艇像蛇一样可以弯曲前进。这种想法虽然未被大多数人接受,但标新立异往往是新型武器突破的先导。

不依赖空气的AIP推进技术也取得初步成功。如:瑞典的"斯特林"发动机、法国的蒸汽透平发动机以及质子交换膜燃料电池、熔融碳酸盐燃料电池等。此外,还有永磁电机和泵喷推进器技术、噪音控制、隐蔽发射、信息技术也获进展。

249. 未来的潜艇将如何减少噪音和回波?

由于潜艇的噪音及艇体反射的回波等易被声呐和雷

达接收,其隐蔽性能日益削弱。为了能够真正做到"神不知,鬼不觉",只有在降低潜艇的噪音和减少艇体回波上下功夫。

潜艇的噪音主要由于潜艇螺旋桨转动及其他机械工作而产生的,各国都在努力改善潜艇发动机和螺旋桨的结构,在产生噪音诸部位敷设隔音和吸音装置等。目前,一种无噪音的潜艇已初步在法国获得成功。

降低艇体回波的主要方法是在艇体外层喷涂能够吸收无线电波的涂料和增加潜艇的下潜深度。美国正在研究一种用增强塑料代替金属制造潜艇外壳的方法。经过试验证明,用增强塑料制成的潜艇,下潜深度可达4000米以上。可以预见,未来的潜艇可能是由这种增强型塑料制成的"海底魔鬼"。

250. 未来的潜艇武器可能会有什么飞跃?

战略导弹潜艇主要作为国家的第二次打击力量,它的武器装备不可能发生根本变化。而攻击潜艇主要用于近程突袭,所以它的武器装备随着近程武器的变化而发生变化。据分析,粒子束武器和激光武器将成为未来水面舰艇的主要武器。但由于这两种武器不适宜用作未来潜艇的武器,所以军事专家们迫切期待能有一种在水中发射时衰减量很小的类粒子束武器的诞生,以弥补水下攻击潜艇无预备武器的缺陷。一些军事专家们正在为此而努力。相信在21世纪末,装备一种新型类粒子束武器的攻击潜艇将会问世。

251. 最早使用水雷的是哪个国家?

世界上最先发明和使用水雷的国家,一般都认为是美国。200多年前,美国正在进行反对英国殖民主义者的独立战争。一天,美国人把一些酒桶装上炸药,投进河里,顺水漂去,让其去炸英国人的军舰。当时,美国费城港停泊着英国军舰。一艘英国舰上的水兵捞到一只酒桶,就争着玩起来,突然一声巨响,酒桶爆炸,当场炸死炸伤多人。这就是历史上有名的"小桶"战争。其实,最早利用水雷进行水雷战的是我国,比美国使用水雷时间早了200多年。据1549年唐荆川编著的《武论》一书记载,明代对付倭寇的水底雷,就是用大木箱作雷壳,油灰粘缝,将黑火药装在里面,由人工控制发火。这就是世界上最早发明的一种人工操纵机械击发的锚雷。它的名字叫作"混江龙"。此后,荷兰、俄国也先后使用原始的漂雷袭击过敌人。美国人使用水雷的历史只能排在第四位。

252. 我国发明的"水底龙王炮"是怎样攻击敌船的?

1590年,我国又发明了当时名叫"水底龙王炮"的水雷。它是用牛脬(牛的尿泡)做雷壳,装上黑火药,用香点火作引信,牛脬联接在漂浮于水面的木板和雁翅下面,雁翅是起伪装作用的。牛脬下面坠有石块,使它有一个向下的重量,保持漂浮的平稳。利用黑夜,在敌船停泊的上流方向,先根据敌船距离切取相应长度的香,置于牛脬内与火药相联,然后点燃香,布下水雷,当香燃烧到火药处引起爆炸,将敌船炸坏。这是世界上最早的一种以香作引信的定时爆炸漂雷。

253. 触发锚雷是怎样爆炸的？

你到军舰上或在海军兵器博物馆看到过一种漆黑的、头上长着角的圆形怪物吗？像"老虎的屁股摸不得"一样，这黑铁蛋子头上的角是千万碰不得的。因为如将这触发水雷的触角碰弯，水雷就会引起爆炸。

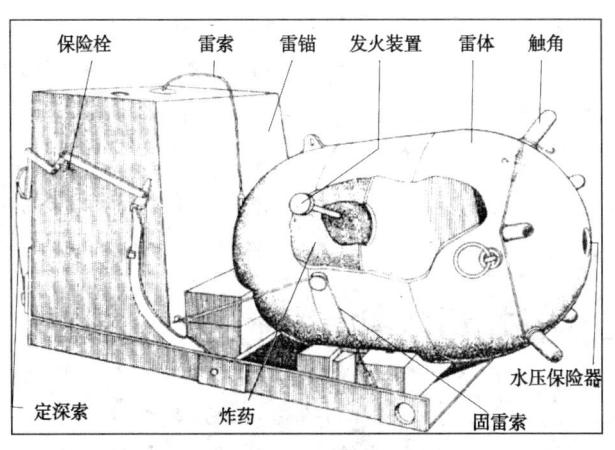

锚雷图解

雷体上的触角是按电池原理制作成的，每一个触角就像一节干电池，锌杯就是电池外层的锌皮，碳棒类似电池顶部带铜头碳蕊；玻璃管中的电解液就是电池中的粘稠液体。当舰船把触角碰断，电解液流到锌杯与碳棒之间，就形成了电流，通到雷管后就引爆水雷。这就是锚雷一触即发的道理。

254. 锚雷布下水后如何自动定深？

在大海上布雷，需要根据敌舰的吃水情况，把水雷布在一定的深度,这是靠雷锚上一套自动定深机构来完成的。

布放水雷前,先设定好布放深度,推雷下海,定深锤从雷锚上滚出来,其重量加到止转杆上,克服止转簧的张力,使止转杆抬起,络车开始转动。雷体靠浮力浮于水面,沉重的雷锚沉向海底,并不断放出雷索。当定深锤到达海底时,它失去了加在定深索上的重量,止转簧伸张,压下止转杆,络车停止转动,雷锚继续下沉,雷体由水面被拉入水中,当雷锚沉到海底时,雷体就被拉到预定的深度上了,雷体从水面拉入水中的距离,等于从雷锚底部到定深锤底部的距离。这个距离,就是设定的水雷的布设深度。锚雷的这种定深方法,叫作定深锤法。

255. "撑杆水雷"是一种什么武器?

由于水中武器的出现,使海上作战的战术和战斗方法发生了变化。为了克服水雷只能等敌船来碰它引爆的被动局面,有人提出把水雷改成外装式,也就是在舰艇的首部伸出一根很长的杆子,在杆子的顶端装上炸药,可以伸入水中,称为"撑杆水雷"。它还有一个十分形象的名字叫"长矛"。1864年在美国南北战争中,南军首先用这种方式在夜间偷袭北军装甲舰成功,并将其炸沉。但水雷爆炸激起的巨大波浪使带"撑杆水雷"的南军小艇上的艇员全部落水,在南北战争中,双方用这种水雷共炸沉了28艘舰船。随后,俄国海军专家马卡洛夫发明了一种拖曳水雷,在航速较高的快艇后面拖着一根长绳索,绳索末端挂上炸药包。在追击敌舰过程中,快艇超越敌舰后,利用张开的绳索所拖曳的炸药包去炸毁敌舰。这种水雷首先用于1877年的俄土海战。

256. 水雷艇是怎么出现的？

发明了"撑杆水雷"和拖曳水雷后，需要一种专门的艇去执行作战任务，这种装有撑杆水雷和拖曳水雷的快艇称为"水雷艇"。在美国南北战争期间，即1873年，最先出现了这种艇。该艇长17.4米，宽2.3米，吃水0.91米，航速约15节。这种外装式水雷艇没有什么自卫武器，艇的速度又不够快，当其接近敌舰时，老早就被发现，易遭敌人舰艇的反击，自身很不安全，因而在海战中取得的战果很小，以后就没有得到发展。

257. 沉底水雷有什么特点？

锚雷只有敌方舰船直接碰撞上才能引爆，且易受风浪、潮流的影响，寿命较短。因此，从第一次世界大战中期起，各国就广泛使用沉底的非触发水雷。沉底水雷的使用特点是：

(1) 隐蔽性好。由于布设后沉于水底，除非是在水浅、透明度很好的水区，一般是不会被目力或观察器材所发现。

(2) 抗扫力强。沉底水雷的引信有各种各样，特别是使用联合引信，或布设由多种引信的混合雷区，很难用一种扫雷具将其扫除；再是普遍使用了定时器和定次器等装置。

(3) 使用水深较小。沉底水雷用于打击水面舰船时，由于受水雷破坏半径的限制，布雷区的水深不能过大，否则就不能有效地毁伤敌舰船。一般说来,大型沉底雷最大使用水深为50米～70米,中型沉底雷的最大使用水深为30米左右,小型沉底雷则更小。沉底雷用于反潜时,水深一般在100米～300米。

258. 最早的音响水雷是哪个国家制造的?

1940年8月28日,德国侵略者在英国海域布设了水雷。英国舰艇拖着电磁扫雷具,在布雷区进行了繁忙的扫雷活动,可是一个水雷也没有扫到。为了揭开这个秘密,英国人经过反复调查,终于在1940年10月发现了这个新型水雷的秘密。原来这种水雷装的是利用舰船机器、螺旋桨转动时发出的声音来引爆水雷的引信,所以取名为音响水雷。它由音波接收器、水压保险器、定时器、定次器、灭雷器(或失效器)等部分组成。

根据这一情况,英国研制了音响扫雷具。

259. 非触发水雷为什么要设置定时器?

非触发水雷设立定时器,控制水雷进入战斗状态的时间,目的是提高水雷的抗扫力。

在水雷的定时器上设定的时间内,水雷处于安全状态,不会被扫除。过了设定时间之后,水雷进入战斗状态,有舰船通过时,才能引起水雷爆炸。

水雷布放以后,敌方只要发现了,就一定会立即派遣扫雷兵力来扫除。布雷一方可以把定时器的时间定得长一点,让敌人大做"无效劳动"。折腾了好些天之后,敌方以为没有水雷了,这时定时器进入战斗状态,敌舰再通过时正好挨炸。

260. 水雷定次器有何妙用?

水雷的引信设置定次器,也是为了提高抗扫力。在设定的次数内,扫雷具(或舰船)通过只能使定次器次数减少,不会使水雷爆炸;只有当定次器走完设定的次数,处于"0"时,若再有舰船通过,水雷才能引爆。因此,扫雷常常是反复进行,一遍又一遍地在雷区上清扫。即便如此,由于敌方定次器所定的次数很高,仍然难免有漏扫的水雷,在舰船通过时爆炸。

水雷的作用除了直接炸沉舰船这一目的外,还在于使敌方官兵高度紧张,精神沮丧,耗费大量的人力、物力和时间进行扫雷。因为水雷如果不全部扫除,舰船就随时存在被炸的危险。设置定次器,也能使敌人神经格外受刺激。

261. 德国研制的"蚝雷"为什么特别厉害?

在第二次世界大战初期,德国使用磁性水雷和音响水雷,给英国造成很大损失。但德国并不满足已取得的战果,又秘密设计了一种名叫"蚝雷"的水压水雷。

舰船航行时,船与水产生相对运动速度。按照物理学的伯努利定理,水这种流体,它在流速大的地方压力低,流速小的地方压力高,静水比流水压力大。"蚝雷"就是根据舰船航行时水压变化的道理制造的。在诺曼底登陆行动的头4天,盟军舰船就被"蚝雷"炸沉了29艘之多。看,这种水雷厉害吧?

引起"蚝雷"爆炸,必须同时具备两个基本条件:一是要有一定的减压量,使水压开关接通;二是要有一定的减压作用时间,使爆炸开关接通。因此,要模拟舰船的长度、速度和水平面积,才能在一定范围内爆引"蚝雷",而这一切是十分困难的。所以至今还未制造出扫除"蚝雷"的有效扫雷具。

262. 水雷在两次世界大战中发挥了什么样的作用?

在第一次和第二次世界大战中,水雷都发挥了重要作用。据统计,第一次世界大战中共布设了31万个水雷,炸沉各交战国的舰艇400艘(其中战列舰9艘,巡洋舰10艘,驱逐舰106艘,潜艇58艘),商船约600艘。第二次世界大战中共布设了70多万个水雷,炸沉750多艘英美舰船,210多艘德国舰船和213艘日本舰船(不含中国战场)。"二战"期间,布雷是由水面舰艇、潜艇和飞机布设的。大战末期,美国在对付日本时,采取了水雷封锁的"饥饿战役",共布水雷1.2万多个,炸沉炸伤日本舰船670艘,几乎完全切断了日本各岛对外的航道,使日本进出口物资停止,给日本带来了很大困难。而德国用水雷封锁英吉利海峡,也使英国动员所有的舰船进行艰苦、长久的扫雷。因此,水雷武器受到各交战国高度重视。

263. 为什么中国水雷让侵华日舰上的水兵丧胆?

在对日抗战中,中国海军在大部分舰艇损失的情况下,改变作战方式,以布雷作为主要手段,给日、伪海军以沉重打击。

中国海军共组建了5个布雷总队,分别在洞庭湖、长江中下游的九江——江阴段、长江中游的宜昌——城陵矶段、川江的万县——平善坝段、珠江流域及浙、闽、粤沿海各港湾共布下了1.4万多具锚雷和漂雷,共计炸沉、炸伤日、伪海军舰艇和各种船舶200多艘。最著名的是1943年3月在广东马宁河炸沉伪海军炮舰"协力"号,俘获伪海军广州要港司令部中将司令萨福畤及7名海军军官,使日伪海军为之胆寒。

264. 水雷为什么长盛不衰?

水雷虽是一种古老的兵器,但随着作战使用和科

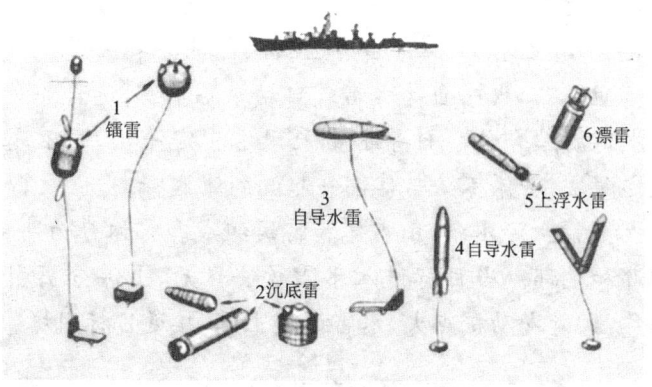

几种水雷在水中的状况

技术的进步,水雷的本领也在不断提高。水雷也是海军武器中最经济而又最难对付的兵器。它体积小,价格低廉,布设容易,隐蔽性好,破坏力大,而且难以扫除。水雷所产生的心理威慑效果,大大超过其本身的价值和破坏作用。而且,它既是战术武器,又是战略武器,并可"以雷代兵",发挥威慑作用。水雷特别是发展中国家使用的有效武器。水雷一般以千美元为单位,与导弹、飞机等武器的价格不可比拟;但是造成对方的经济损失,通常是几十

倍、几百倍甚至几千倍、几万倍。尤其是采取战略防御的国家特别适用,所以它始终是海军的重要兵器。在海湾战争期间,多国部队在海上占绝对优势,但是对伊拉克海军布的水雷还是十分头疼,美国的巡洋舰和两栖攻击舰各一艘被炸伤,伤势还不轻。

265. 目前世界上有哪些特种水雷?

第二次世界大战以后,各国致力于研究特种水雷。什么叫特种水雷呢? 特种水雷,可跟踪目标,能主动攻击,主要有鱼水雷、上浮雷、遥控雷、自航雷等。

鱼水雷,也叫自导水雷或自动跟踪水雷,是自导鱼雷和水雷的结合体。自导水雷采用水中定深法,而不是海底定深法,雷体不必与雷锚一起沉到海底。

火箭上浮水雷,由雷体和雷锭组成。雷体分为头部、中部和尾部。当目标进入水雷攻击区后,上浮分离引信动作,火箭发动机点火,水雷迅速上浮,接近目标引爆。

266. 水雷武器发展有什么新动向?

第二次世界大战后水雷发展的状况是:

(1)水雷引信多样化、现代化。比如利用宇宙场和重力场,还有热场、电场、光场、辐射场等做引信。

(2)水雷系列化、标准化和通用化。水雷性能大为改善,但花样繁多也给使用带来许多不便。为了解决这个矛盾,各国发展水雷都很重视提高"三化"水平。

(3)出现了一批新水雷。例如前苏联在20世纪50年代就研制了火箭上浮水雷和遥控沉底雷,20世纪60年代研制了三种当量的核装药水雷。美国继20世纪60年代发展了航天弹式水雷和深水反潜锚雷之后,20世纪70年代又研制了自航水雷和深水反潜自导水雷,20世纪80年代开始研制空投火箭上浮自导水雷,装有微型计算机。

(4)空布、潜布水雷迅速发展。美国的核潜艇问世后,就把布雷作为它的第二任务,一艘核潜艇可装载240个~260个MK-60型自导水雷。

267. 自动水雷是怎样发明的?

水雷从发明以来的相当长时期中,它的基本特点是没有动力,"守株待兔"。由于自己不能航行,所以战斗局限性大。

1866年,在奥匈帝国工作的一位名叫怀特·黑德的英国工程师,制造了世界上第一条能自动航行的水雷。它用压缩空气驱使发动机工作,能在水中航行。它是现代鱼雷的前身,能像鱼一样在水中运动,雷体内装有炸药。

自动水雷首先在奥匈帝国海军中进行了试验,后来,俄国、英国、美国及其他许多国家也纷纷进行了研究。俄国海军在水雷艇上装上了自动水雷。这种装有自动水雷的小艇,可以不必近逼敌人军舰,在几十米以外,甚至在更远的距离上发射就可攻击敌人军舰。

268. 第一次用自动水雷击沉敌舰是在什么时候?

1877年12月15日,俄国一艘载有自动水雷的小艇,乘着夜幕掩护,向土耳其军舰进攻。当小艇离军舰几十米时,发射了自动水雷。此次攻击没有命中,立即遭到了土耳其军舰炮火的回击。尽管没有取得战果,但作为海战史上第一次用自动水雷袭击大舰的战斗,被记录了下来。

一个月后,也就是1878年1月13日,在一个夜雾迷蒙的夜晚,俄国的水雷艇对土耳其的炮舰"英蒂巴"号,在60米外用自动水雷袭击,终于将该舰击沉。这是海战史上第一次用自动水雷——鱼雷击沉敌舰,开创了海战历史记录。

269. 为什么把鱼雷称为"水中爆破手"?

鱼雷在20世纪是非常重要的水中兵器,被人称为"水中爆破手"。它是一种能在水下自动推进、自动控制深度的进攻性武器,由于形状像鱼,又能像鱼那样前进,所以落了个非常形象贴切的名字。

水面舰艇发射鱼雷

鱼雷在水中航行接敌,隐蔽性好,能够达成进攻的突然性。又因为它是在水中爆炸,能量作用效率高,摧毁的是敌军舰艇的水线以下部分,使海水涌进敌舰舱,对敌方舰艇的破坏作用很大。一般1枚~2枚鱼雷就能击沉护卫舰、驱逐舰;2枚~3枚鱼雷便可致巡洋舰和轻型航母于死地。

270. 哪些舰艇装备有鱼雷武器?

早在19世纪中期鱼雷出现之初,恩格斯以他的远见卓识就对这种新武器作过高度评价。他说:"大工业供海战之用的最新产品自动鱼雷的完善化,看来是要实现这一点,最小的鱼雷艇将因此要比威力最大的装甲舰厉害"。

鱼雷武器最早装备在鱼雷艇上,后来装备到驱逐舰、护卫舰和巡洋舰上,成了这些舰艇在相当长时期中(导弹出现以前)的主战武器。

271. 哪国海军造出了世界上第一艘鱼雷艇?

在鱼雷问世后,虽然奥、俄、英、美等国都已将鱼雷装在小艇上进行试验或作战,但这些艇还不能算作真正的鱼雷艇,它们不太适应进行鱼雷攻击的作战。

世界上第一艘鱼雷艇是英国专门设计制造的"闪电"号。它的排水量为34吨,最大航速19节,在艇艏和中部两侧各装了1枚鱼雷,具备了同大军舰对抗的能力。

随着"闪电"的推出,各国海军掀起了大造鱼雷艇热潮。在中日甲午海战时,中日两国各有24艘鱼雷艇参战,中国最大的铁甲舰之一"定远"号就是被日本鱼雷艇发射的鱼雷击成重伤的。

在第一次世界大战中,有数百艘鱼雷艇投入作战。在第二次世界大战中,有1000多艘鱼雷艇参战,多次上演小艇斗大舰的出色戏剧。

272. 哪国海军第一次用机载鱼雷击沉敌舰?

1915年8月17日,英国海军飞行员驾驶着2架"肖特"184水上飞机奉命前往达达尼尔海峡巡逻,在海峡附近发现了土耳其海军一艘补给舰,随即用飞机所挂带的鱼雷进行攻击,并将它击沉。这是世界上海军航空兵第一次无可争议的战功。因为在5天前,一艘土耳其补给船被击沉后,英国海军的潜艇和航空兵都称是自己的功劳,闹得沸沸扬扬。鉴于当时观察条件有限,击沉敌舰的战功属于谁,最后也没能定案。

273. 蒸汽瓦斯鱼雷具有什么优缺点?

蒸汽瓦斯鱼雷亦称蒸汽燃气鱼雷和热动力鱼雷,它采用燃油、压缩空气和淡水为能源,通过燃烧产生蒸汽瓦斯,推动主机工作,主机再带动螺旋桨前进。这种鱼雷操作简单可靠,造价较低,但鱼雷航迹显著,隐蔽性差。气舱由高强度的镍铬钢制成,充入200个大气压的压缩空气;气舱后边是水舱、燃油舱和滑油舱;最后是机舱。发射鱼雷时,用扳机打开气舱通气管启动阀,压缩空气经减压器进入燃烧室,并引入淡水或海水作为燃气冷却剂。自动点火后,燃油和空气中的氧燃烧生成燃气,水吸收燃气的部分热量化为蒸汽,形成蒸汽燃气混合气体(瓦斯)进入鱼雷主机,通过活塞连杆装置,带动螺旋桨,使鱼雷高速航行。

274. 电动鱼雷具有什么长、短处?

电动鱼雷是由蓄电池通过电机带动螺旋桨工作。这种鱼雷性能与蒸汽瓦斯鱼雷相当。它有一个最大的优点,就是行进时不留下航迹,不易被敌方舰艇发现。因此,它越来越受欢迎,成为现代鱼雷的主力。但是它也有一个缺点,就是航速较低,航程较短,这是因为早期的电动鱼雷通常使用铅酸蓄电池。

20世纪50年代起开始使用银锌蓄电池,其能量比铅酸蓄电池提高5倍左右。20世纪70年代出现锂亚硫酰氯电池,能量约为银锌电池的5倍,使航速超过40节,航程超过3万米。鱼雷电动机,通常采用电枢与磁系统同时反向旋转的双转向电动机,以提高单位重量功率。

275. 自导鱼雷有什么特点?

自导鱼雷旧称"寻的鱼雷",它是利用本身的自导装置自动搜索、跟踪和导向目标的鱼雷,主要用于攻击潜艇和水面舰船,具有较高的命中率。有声自导鱼雷和尾流自导鱼雷等。自导与控制系统,一般由换能器、发射机、接收机、自动驾驶仪、微型计算机和电源等组成。通常采用自动导引和有线导引相结合的工作方式。自导鱼雷是第二次世界大战末期研制成功的。1943年,德国首先使用单平面被动声自导鱼雷。战后,开始发展主动声自导鱼雷。20世纪70年代,出现尾流自导鱼雷。

276. 鱼雷尾流自导装置是什么?

乘轮船时,你在船尾甲板上能看到船在航行时会在身后留下一条长长的尾流。所谓尾流自导鱼雷,就是利用舰船航行时产生的尾流效应,自动搜索、跟踪攻击目标的鱼雷。这种鱼雷抗干扰性能好,可攻击浅水、高速的目标,命中率较高,成本较低。其基本原理是,舰船螺旋桨的搅动和高速旋转,船体同水的相互作用,以及排出物质等在舰船尾部形成具有热效应、声学效应的一条长尾流,核动力舰船的尾流中还有辐射效应。根据尾流的温度、压力、阻力、光强度变化或辐射效应等,利用不同的尾流传感器进行检测,使鱼雷沿尾流跟踪舰船,直至命中。这种鱼雷,早在第二次世界大战时期已开始研制,但未见用于实战。20世纪70年代,美国将MK-45鱼雷改进为MK-45尾流自导鱼雷,命中率可达80%。

277. "暴风"鱼雷的速度为什么能达到360千米?

2006年4月3日,伊朗海军在波斯湾试射了一种高速鱼雷,据参加此次试验的伊军方发言人德卡尼宣布,这枚鱼雷的航速达到了360千米/小时。据称目前世界上只有俄罗斯的"暴风"超高速鱼雷才能达到如此高速。那么,是否是俄罗斯的"暴风"鱼雷已有少量销往法国、伊朗等国呢?不得而知。

"暴风"音译"沙克瓦",外形一改以往的体型,头部呈圆锥形,雷体从前到后由细变粗,整个雷体是一个圆锥体。它全长8米,直径534毫米,重2.6吨,航深4米~400米,最大航程15千米,战斗部装药250千克。它的动力部分采用了两台不同的发动机,一台是固体火箭发动机,另一台是金属水燃料喷水式涡轮发动机。鱼雷的头部设置有一个向后倾斜的导流板,当高速航行时会将流层分开,形成一个超速空泡的平滑复面层,把鱼雷表面裹起来,使鱼雷在航行中只有头部导流板和尾部空泡消失点两处与水接触,大大减少了雷体与水的摩擦力,从而达到了如此高的速度。这种速度高达300多千米的鱼雷,若是与敌相距仅2米~4千米,半分钟左右即可与目标相遇,所以极难规避。因此,北约国家称它为"舰毁",意思是:一旦遭遇这种鱼雷攻击只有"沉没"。

278. 鱼雷自导搜索方式有哪几种？

自导鱼雷为捕捉目标在水中进行机动的方式，就是鱼雷的搜索方式。有单平面搜索方式和双平面搜索方式。自导鱼雷发射入水后，由搜索程序控制，在方向平面内或同时在方向平面和垂直平面内机动，搜索目标。搜索样式有：直线搜索、环形搜索、折线搜索、蛇形搜索（正舷曲线搜索）、蜷线搜索、螺旋形搜索、8字形搜索等多种形式。捕捉到目标后，鱼雷由程序控制自动转为声自导跟踪，最后进行攻击。

279. 什么是鱼雷的自控系统？

鱼雷在航行和机动中需要自动控制航向、航深和航速，这就是鱼雷的自控系统。它包括航向陀螺、速率陀螺、定深器、自动驾驶仪，操舵机构和舵（直舵、横舵和差动舵）。它的工作方式，有定值控制、程序控制和自动跟踪控制。自控系统的工作过程是：由传感测量目标和鱼雷自身运动参数；由定值器和程序控制部件给出同要求弹道相适应的控制信号；由信号处理系统，将鱼雷实际运动信号同控制信号相比较，对偏差信号按导引指令进行逻辑处理，给出操舵信号；由舵机对操舵信号作功率放大，产生足够的操舵力矩驱动舵面偏转，完成鱼雷航行和机动的控制。

280. 线导鱼雷为什么要拖一根"细尾巴"？

玩带导线的遥控车的时候，只要你在控制器上按下相应的键，小车就会按指令前进、后退、转弯、鸣汽笛。线导鱼雷与这种小车有些相似。线导鱼雷的全称是"有线制导鱼雷"。它是由发射台通过导线传输指令导向目标的鱼雷。通常由水面舰艇或潜艇发射,也可由直升机发射。用于攻击潜艇或水面舰船。线导鱼雷航速35节~60节,航程2万米~4万米。命中率比自导鱼雷有较大提高,具有良好的抗干扰能力。制导方式为线导加声自导。线导系统由导线、放线器组成。导线就是线导鱼雷的"细尾巴",一般直径小于2毫米,芯直径小于0.4毫米的特制线,具有抗腐蚀性能,并具有较强的拉力。攻击的程序是:当探测设备发现目标后,即向目标发射鱼雷,连结在发射平台和鱼雷上的导线同时放出,并随鱼雷向前运动不断放线,使导线始终悬浮水中处于基本不受力的状态,保证发射平台与鱼雷之间的信息传动畅通。发射平台通过导线不断给鱼雷下达航向、航速和航深的指令,并收回反馈信息。一旦鱼雷遭受干扰或未命中目标,可以根据指令重新寻向目标,再次实施攻击。

281. 火箭助飞鱼雷有什么特点?

火箭助飞鱼雷由水面舰艇或潜艇发射,经火箭空中助飞到达预定地点入水,自动搜索、跟踪和攻击潜艇的鱼雷。它由火箭飞行器和声自导鱼雷两部分组成。因此,也被称作反潜导弹,如:美国的"阿斯洛克",航程远,航速高,水下接近目标和水中爆炸实施攻击,兼有鱼雷和导弹的优点。攻击顺序是:发射后,以时间程序控制、惯性制导或无线电指令制导等飞向目标区;到达预定点时,自导鱼雷脱离火箭飞行器,打开减速伞,入水时解脱减速伞;

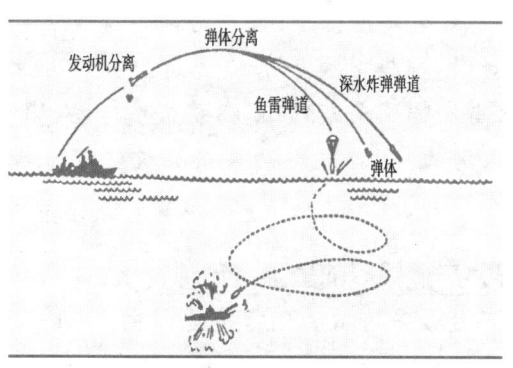

火箭助飞鱼雷攻击潜艇示意图

入水后按预定程序进行搜索;发现目标后自动跟踪、攻击,直至命中。火箭助飞鱼雷是从20世纪50年代中期开始研制的。到20世纪80年代,美国、英国、法国、日本等国都已经正式装备部队。

282. 航空鱼雷有什么特点?

由飞机和直升机携载、投放的鱼雷是航空鱼雷,也称为空投鱼雷。其结构、性能基本与舰用鱼雷相同,主要区别在雷头顶部装有防止雷壳和仪器机构损坏的保护罩,雷尾装有稳定鳍、降落伞保证其稳定降落并以适当的速度入水。入水后,鱼雷受控在预定深度转为水平运动,并依靠动力装置的推力、向目标方位航行到一定

火箭助飞鱼雷攻击潜艇示意图

距离后,引爆装置解除保险;当鱼雷和目标接近到相应距离或相碰撞时,引爆装置即引爆鱼雷。第二次世界大战中,航空鱼雷发挥了重大作用,在袭击珍珠港、珊瑚海、中途岛等多次海战中,曾被运用来击沉过航空母舰和战列舰等大型军舰。

283. 世界上产量最多的鱼雷是哪种?

荣居产量最多榜首的鱼雷是美国生产MK-46鱼雷。这是美国第三代小型鱼雷,可供水面舰艇、飞机、直升机使用。空投时,MK-46鱼雷速度可达700千米/小时。鱼雷入水后,成蛇形或环形运动,搜索目标。它的声自导范围为1370米。一旦捕捉到目标即以主动自导方式攻击。如丢失目标,可以重新转为搜索。鱼雷中装40千克炸药,可下潜760米,航程3.8千米,航速40节。由于这种鱼雷性能较好,被许多国家订购。

284. 世界上哪几个国家研制的鱼雷性能最先进?

美国是目前世界上研制鱼雷型号和产量最多的国家,它研制的MK-46反潜鱼雷可供水面舰艇、飞机和直升机使用。MK-46反潜鱼雷入水后按蛇形(主动式自导方式)或环形运动(被动式自导方式)搜索目标。它的声自导作用距离大于1370米,一旦捕获目标即以主动自导方式进入攻击;途中如丢失目标,还可以重新转入搜索状态。MK-46反潜鱼雷长2.59米,直径0.324米,重232千克,战斗部装药40千克,航速40节～45节,航程38000米,最大下潜深度800米。

法国新研制的"海鳝"反潜鱼雷,长2.96米,直径

海军兵器

0.324米,重295千克,最大下潜深度1000米。它装有一台运算速度为5000万次的计算机,主要负责识别目标,可同时对12个目标的各种参数进行检测和比较。它的攻击速度可达53节。"海鳝"战斗部装有60千克的高效能炸药,可穿透20毫米厚的潜艇艇壳。

英国研制的"矛鱼"型线导反潜鱼雷,既可攻击潜艇又可攻击水面目标,可潜深度1000米,航速达70节,航程40千米。当攻击水面目标时,在距目标底部3米~8米处由非触发引信起爆。该鱼雷具有抗水声对抗功能。

285. 为什么把人操鱼雷叫作"肥猪"?

人操鱼雷,顾名思义是由人工操纵,水下行驶,用于毁坏敌大型舰艇的水下爆炸装置。第一枚人操鱼雷是由意大利研究成功的。由驾驶员和潜水员各1名操作航行。雷长6.7米,直径530毫米,用压缩空气发动机作动力,活动半径约10海里,最大航速2.5节,下潜深度30米。作战时,由乘员驾驶鱼雷半潜驶近目标(即乘员上半身露出水面,下半身和雷体潜在水中),随后潜水抵达敌舰底部,将装有300千克炸药的可分离雷头固定在敌舰底部,乘员骑着雷体返回。该雷因体形短胖,被叫作"肥猪"。

在第二次世界大战中,使用人操鱼雷取得过一些战果。意大利的3条人操鱼雷分别炸沉了英国2艘战列舰和1艘油轮,给英军地中海舰队以沉重的打击。

人操鱼雷命中率高,动力和控制装置可反复使用,每次战斗只消耗廉价的炸药。但是其缺点也很突出,主要表现在续航性有限,观通设备差,航速低,攻击者本身所冒的风险大,而且只能攻击停泊的舰船。

286. 日本的"回天"鱼雷有没有回天之术?

1943年初,在所罗门群岛的瓜达尔卡纳岛争夺战接近尾声时,日本海军潜艇军官竹间忠三大尉设想了一个研制人操鱼雷的方案,并向大本营递交了建议书。他认为要挽回败局,最好的措施是使用这种人操鱼雷。与竹间忠三相同想法的还有好几个军官,他们都狂热地写了血书,请求大本营立即研制。在采用"特攻"情绪高涨的情况下,把此称为"06金物",由于意在挽回日本败局,故也称为"回天"。与"肥猪"不同的是,"回天"可以攻击低速航行中的舰船,但操纵鱼雷的人将同归于尽。

以九三式鱼雷改装的"回天"1型于1944年4月开始生产,共生产了119条。这种自杀鱼雷长14.7米,直径1米,发动机550马力,最大航速30节,以12节航行最远可行78千米,雷体装炸药1.55吨。1型为单人操纵。2型和4型为双人操纵,但未研制成功。11月8日,3艘潜艇装上"回天"鱼雷从大津岛出航一路南下,前往西加罗群岛。11月20日拂晓,"回天"人操鱼雷出击。4时16分和22分,传来了巨大的爆炸声。据报告,"回天"鱼雷击沉了航母2艘,战列舰3艘。但实际上是仅炸沉了美国的一艘油船。

以后,"回天"鱼雷又多次出击,击沉、击伤盟国的轻型航母、驱逐舰、油船共4艘,并未能有更大的战果,更未能反败为胜,但在水下作战史上却留下了一段特殊的历史。

287. 鱼雷发射管是怎样把鱼雷送出去的?

鱼雷发射管是存放和发射鱼雷的管状结构的装置。潜艇上的发射管前后两端都有盖,水面舰艇上只有后盖。鱼雷发射管只能装填相应口径的鱼雷。发射管外部装有发射装置,远距离装定鱼雷数据(航向、深度、速度和机动程序等)的仪器,检查仪器,制动装置和启动鱼雷的扳机栓。鱼雷用气瓶的压缩空气或由发射药产生的瓦斯发

日本驱逐舰在发射鱼雷

射。鱼雷发射器可发射反潜导弹和对舰导弹,还可布放特种水雷。鱼雷发射管可装在巡洋舰、驱逐舰、护卫舰和反潜舰艇上,还装备在鱼雷艇和各种型级的潜艇上。第一、二次世界大战时期,也有把鱼雷发射器装在海岸上与海岸炮配合使用的。

海军兵器

无敌的海空雄鹰

288. 谁最先驾机参加海战？

海军航空兵是海军中最年轻的一个兵种。在20世纪40年代以后，海军航空兵以它在海战中远程、强力的突防能力和骄人的战绩令人刮目相看。海军航空兵器也得到了长足进步。但是，你知道吗，最先驾机参加海战的却是一名毫无思想准备的民间飞行员。

1914年10月，南非的德班热浪灼人。一架破旧的"柯蒂斯"式水上飞机，喘着粗气，挣扎着从水面上飞起，摇摇晃晃地从岸边观看飞行表演的人群头上掠过。飞机在空中绕了一大圈后，又慢慢地降落在水面上。飞行员卡特勒艰难地爬出机舱，登上小舢板，上了河岸。突然，几名表情严肃的英国海军军官当场对他宣布：根据英国战时法，"柯蒂斯"式水上飞机被国家征用，卡特勒应征入伍，并授予海军少尉军衔。

他做梦也没有想到，他将在人类海战史上留下浓重的一笔——他开创了飞机参加海战的先河。

1914年11月22日起，卡特勒驾驶飞机在鲁菲季河三角洲地区反复侦察，终于找到了躲藏在河汊中的德国巡洋舰"柯尼斯堡"号，为英舰火炮指示了目标，从而为击沉德舰发挥了重要的作用。飞机参加海战就这样开始了。

289. 为什么要建立海军航空兵？

海军航空兵是作为海军这个合成军种中的重要兵种，主要在海洋上空遂行作战任务，具有远程作战、高速机动和猛烈突击能力。第一次世界大战前夕，英、美、法、日、俄等国先后组建海军航空兵部队。大战期间,一些国家将水上飞机或飞机搭载在改装的舰船上,主要用于海上侦察和为舰艇火炮指示目标。战后,英、美、法、日等国海军航空兵装备了专门研制的航空母舰和舰载机。第二次世界大战期间,海军航空兵已发展成为海上主要突击兵力。在塔兰托、珍珠港、珊瑚海、中途岛、马里亚纳、莱特湾、冲绳等海战中,舰载飞机起到了决定性的作用。"没有制空权,就没有制海权"

中国海军的歼击机在南海上空巡逻

成为至理名言。20世纪60年代,核动力航空母舰的出现,进一步提高了海军航空兵远洋机动和作战能力。目前,世界上已有70多个国家和地区组建了不同规模的海军航空兵,其中36个国家和地区有舰载航空兵。

290. "海鹰"有哪几种?

"海鹰"是人们对海军航空兵的爱称。海军航空兵能独立作战或协同其他军种、兵种作战,歼灭敌方空中、海上力量,摧毁或破坏敌方军事基地、港口、沿海机场等重要军事目标和海上交通线,夺取海洋战区和滨海地区制空权;掩护和支援己方舰艇编队的作战行动,保卫己方海

海军兵器

军基地、港口、机场等重要目标和海上交通线的安全;进行海上侦察、巡逻、预警、反潜、电子对抗、布雷、扫雷、空运、空投和空中救援等。海军战略轰炸航空兵更是国家战略轰炸力量的重要组成部分。

海军航空兵是个总称。按起降基地,分为岸基航空兵和舰载航空兵。岸基航空兵以陆上和水上机场为基地;舰载航空兵以航空母舰和其他大、中型舰船为基地,通常随舰到远洋上空活动。按作战使命,分为轰炸航空兵、歼击航空兵、强击(攻击)航空兵、反潜航空兵、侦察航空兵和辅助航空兵等。海军航空兵还编有高射炮、地面防空导弹、雷达、勤务保障部队和专业院校。

291. 海军航空兵飞机有哪些种类?

海军航空兵的飞机种类很多,海军飞机是它的统称。按基地分,有岸基飞机、舰载机、水上飞机;按用途分,有轰炸机、歼击轰炸机、强击机、歼击机、反潜机、侦察机、预警机、电子对抗飞机、空中加油机、运输机和教练机等;按起降方式和机翼外形分,有固定翼飞机、可变翼飞机、倾旋转翼飞机、短距/垂直起降飞机及飞艇。海军航空兵主要用于夺取海洋战区制空权,参加反潜、反舰、布雷、扫雷、两栖支援作战和侦察巡逻等。岸基的歼击机、强击机和反潜直升机一般航程较近,用于近海上空作战。而岸基轰炸机、反潜巡逻机和战略侦察机航程较远,续航时间长,具有远离基地作战能力。舰载机能借助所搭载舰艇的续航力,在岸基飞机航程达不到的海洋上空作战。作战飞机装有的火力控制系统有机枪、航炮、火箭弹、炸弹、空舰导弹、空地导弹、空空导弹、鱼雷、水雷、深水炸弹和核弹等。

292. 海军水上航空兵主要担负什么任务?

海军水上航空兵部队装备水上飞机,具有快速机动和在海上执行作战等多种任务的能力,主要遂行海洋上空侦察、巡逻、轰炸、反潜、布雷、扫雷和救援等任务,也可以对陆上目标进行轰炸突击,使用的武器有航空炸弹、鱼雷、水雷和空舰导弹等。因水上飞机无需机场起降,载重能力和续航距离较大,在作战中受伤或发生故障时,只要找一处稍许宽敞的水面即可降落自救。因此,在20世纪

水上飞机

20—30年代,水上航空兵得到了较大的发展。第二次世界大战后,陆上飞机航程增大,舰载飞机和直升机、短距/垂直起降飞机迅速发展,使水上飞机的优势和作用有所降低。

293. "海鹞"如何腾空而起？

舰载垂直起落的飞机可在很小的光洁场地起落，不需要依赖机场。例如，英国的"海鹞"式飞机可在半径15米的场地起落，有利于在舰上使用。

这种飞机的优点是可以利用推力转向，还可以在空中悬停，向后倒退飞行，空中悬停转弯等，因此有利于对于空中和水面目标的攻击。它的主要缺点是耗油多，作战半径小，载弹量少。"海鹞"式飞机垂直起飞时，载弹才1360千克，油箱

英国"海鹞"飞机

只能装约1200千克油，作战半径仅92千米。此外，这种飞机操纵复杂，飞行事故多。

294. 舰载可变翼飞机有什么特点？

要弄清可变翼飞机的原理，我们不妨看看雄鹰舒展着两个大翅膀在空中平稳盘旋时的样子，但当它一旦发现猎物时，便急速地将翅膀后掠，箭一般地向下俯冲。这是因为翅膀后掠就能减少飞行中的阻力，而翅膀展开时可以增大升力。

运用这种原理，就制造出了可变翼飞机。这种飞机的机翼既可适应飞机超音速飞行（大后掠角），又可适应

飞机低速飞行(小后掠角)。这样就基本上解决了高低速飞行的矛盾,从而改善了舰载飞机的起飞、高速飞行和着舰时的不同需要。

超音速飞机为了逃避雷达的搜索,往往需要在300米以下作低空超音速飞行,这样就遇到了两个问题:一个是低空空气密度大,飞机以同样速度飞行,比在高空所受的阻力要大。为了进一步减少低空超音速飞行的阻力,就要求飞机机翼有更大的后掠角,更小的翼展,可变翼飞机可以做到这一点;另一个问题是由于在低空有空气的对流,形成了突然的阵风和扰动气流,使飞机产生颠簸和晃动,影响发挥武器的准确性。可变翼飞机因为有很大的后掠角,很小的翼展,受阵风和气流的影响就小,飞机就可以在低空安全地作超音速飞行。

另外,可变翼飞机,还可根据任务的不同,调整速度的快慢,从而节省飞行时间和油料。

295. "飞豹"为什么能直冲云霄?

在国庆50周年阅兵式上,中国海军航空兵的"飞豹"第一次公开亮相,受到国内外人士的赞扬。"飞豹"就是国产新型的海军歼击轰炸机。海军歼击轰炸机亦称"海军战斗轰炸机",主要用于攻击水面和滨海目标,并具有空战能力。海军歼击轰炸机多属超音速飞机,高、低空性能好,作战半径和载弹量较大,突击威力和自卫能力都很强。如原苏联海军的苏-17C歼击轰炸机的高空最大平飞速度达2.17马赫,最大作战半径630千米,外挂最大载重量4吨。现代海军歼击轰炸机装有适应全天候作战的火控系统。机载武器主要有:航炮、空空导弹、空舰导弹、鱼雷、常规炸弹和制导炸弹等。外挂武器投掉后,可用于空战。

296. 海军强击机主要用途是什么?

海军强击机又名海军攻击机,主要用于从低空、超低空攻击水面或濒海目标,有岸基和舰载两种。低空的操纵性和安定性好。这种飞机在要害部位(如发动机、驾驶舱)有装甲防护。机身和机翼下部有较多的武器挂架,可挂多种武器。机载设备主要有:飞行自动控制系统、多功能雷达、前视红外探测器、平面显示器、武器发射和投放系统。机载武器主要有:空舰导弹、鱼雷、常规炸弹、核弹、制导炸弹、火箭和航炮。舰载攻击机可随

海军强击机编队飞行

舰到远洋遂行任务,机身下部有弹射起飞牵引钩和着舰拦阻钩,机翼可折叠。有的舰载机装有数字式综合导航攻击系统,能自动完成攻击任务。如美国海军的A-6E舰载攻击机,能自动飞行接近目标,投弹和退出,具有较强的全天候作战能力。

在第一次世界大战中,最出色的海军强击机是英国的"杜鹃"式。大战后,英国又推出了"标枪"、"里彭"、"巴

芬"、"鲨鱼"、"剑鱼"等多种海军攻击机。其中,"剑鱼"在袭击意大利海军塔兰托基地时立了大功。在太平洋战争中,美国海军的强击机"破坏者"、"复仇者"和日本海军的强击机九七、九九、一式、"天山"、"流星"都发挥了重要作用。在大西洋战争中,英国海军强击机"大青花鱼"、"梭鱼"也表现非凡。

297. 海军歼击机为什么特别引人瞩目?

海军歼击机又叫海军战斗机,这种飞机的主要用于海洋上空战斗,并兼有对海上和濒海目标攻击能力。机动性能好、速度快、空战火力强。海军歼击机可以分为岸基歼击机和舰载歼击机。岸基歼击机一般用于近海作战。舰载歼击机可随载舰到远洋活动,主要用于舰队防空、护航和夺取海上制空权。现代海军歼击机多属超音速飞机,高空平飞速度可达2485千米/小时。机载武器主要有机枪、航炮、空空导弹,攻击水面舰船时,可携带炸弹和导弹。装载火控系统并有电子计算机和脉冲多普勒雷达的歼击机,具有较强的全天候作战能力。如美国海军的F-14舰载歼击机,火控雷达与空空导弹配合使用时,可以拦截从超低空到3万米高空、半径160千米以内的目标,具有同时跟踪24个目标和攻击其中6个目标的能力。

298. 舰载直升机为什么深受各国海军喜爱?

20世纪70年代初,我国自行设计和制造的、被誉为"四海第一骑"的第一艘导弹驱逐舰,经过改装之后,舰尾搭载了直升机,从而增强了战斗力。那么,为什么要在舰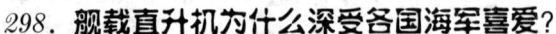

上装备直升机呢?

海军强击机编队飞行

舰载直升机主要是为了担任远距离反潜任务。它可以在反潜导弹(火箭助飞鱼雷)射程以外搜索、跟踪和攻击敌方潜艇。它可以使用吊放声呐和声呐浮标以及雷达、磁力探测仪来搜索潜艇。

直升机除了反潜,还可以作为舰对舰导弹的中继站,用以早期发现敌人发射来的导弹并进行电子干扰。此外,它也可以用于海上救援、人员输送和垂直补给等。因此,军舰装备了它,就能执行更多的任务。

299. "鱼鹰"具有什么神奇性能?

1989年3月19日,由美国贝尔—波音公司研制的V-22"鱼鹰"倾旋转翼飞机的试飞成功,标志着舰载飞机已进入到一个新时代。在试飞中,V-22先做了一个滑跑起飞、滑跑降落,然后升空做旋停、旋停转向以及各种特技动作；随后进行了限速20节，高度9.14米的加、减速飞行，再次滑跑着陆；最后做了垂直起飞，加速到20节，再以滑跑着陆结束首次飞行。

美国"鱼鹰"舰载机

这种根据美国海军航空系统指挥部要求研制的新型舰载飞机，集直升机和涡轮螺旋桨飞机的作战能力于一身，不仅可以像旋翼飞机那样在空中悬停、垂直起落，也可以像固定翼飞机那样高速航行，这是直升机和固定翼飞机所不及的，它将为海军陆战队投送兵力发挥重大作用。

300. 水上飞机为什么能在水面行、天空飞？

你见过美丽的天鹅吗？它姿态优美，羽毛洁白，既能在水中漂浮，又能振翅飞上蓝天。要是有这样的飞机该多好啊。别着急，这样的飞机就是水上飞机。水上飞机既能像船一样，既能行驶活动于江河湖海上，又能够离开水面，翱翔于蓝天白云之间，这是因为它在构造上具有船舶和飞机的双重特点，可以适应水中与空中两种不同的

海军兵器

环境。因此,国外有人将它称之为"水上飞船"或"飞机巡洋舰"。

船式水上飞机机身形状与船身基本相似,这种机身有两种职能:一是像陆上飞机的机身一样,用来安置乘员、货物、燃油和各种设备,二是支托水上飞机浮在水面上进行正常的活动,如水上起落、滑行、漂泊等。另一种水上飞机在机翼下边装有浮筒,叫作桴式水上飞机。有的水上飞机在船身上还装有着陆轮,在水上活动时,利用船身来支撑,在陆地着陆时,用着陆轮来支撑。这样,水上飞机就成为一种水陆都可以起落的两栖飞机了。

中国海军水上飞机

301. 谁是"水上飞机之父"?

水上飞机是海军航空兵的主要机种之一。如有机会去青岛海边旅游,你可以到海军博物馆参观,那里就陈列了一架海军退役的青-6(即前苏联的别-6)水上飞机。

世界上第一架水上飞机是法国人亨利·法布尔于1910年3月试制成功的。他出身于船舶世家,从小对船

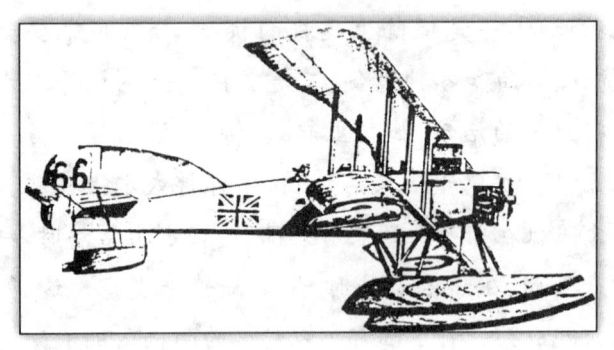

英国早期的"肖特"水上飞机

有浓厚兴趣。自从莱特兄弟造出第一架陆上飞机后,他就经常琢磨:能不能也造一架能在水面起落的飞机？于是,他从1907年开始在一艘"飞跃"号研究船和一辆螺旋桨驱动的小汽车上反复试验。1909年,他根据试验的成果,试制水上飞机样机。样机有3个浮筒,可使机身浮在水面,并装有一台50马力"土地神"气缸旋转式发动机。第一架样机失败了,但他不灰心,又制造了第二架,终于在马赛港内试飞成功。飞机以60千米的时速飞行了500余米,并安全降落。当天下午,再次试飞时,他请来了当地的官员和民众,飞机飞了6千米,引起了在场观众的热烈欢呼。因此,法布尔被誉为"水上飞机之父"。

中国人也不甘落后,旅美华侨谭根在同年稍后时间造出了一架水上飞机。俄国工程师加克尔也于1911年造出了一架水上飞机。这两架水上飞机都在万国飞机博

览会上获奖。

水上飞机诞生后,各国海军认为它更能适合海战需要,纷纷订购,从而为海军插上了翅膀,使海战从海面跃升到海空,向立体海战迈出重要一步。至于海军装备陆上(舰上)起落的飞机,那是稍后的事了。

302. 舰载反潜机为什么成了反潜的主力?

战争实践表明,在各种各样的反潜武器中,最具有威力的是舰载反潜机,它是潜艇的克星。

20世纪70年代,美国研制的全天候舰载反潜作战飞机S-3A"北欧海盗"性能十分优越。这种飞机已于1974年开始服役,主要用于对潜艇进行搜索、监视和攻击,对己方航空母舰、特混舰队等进行反潜保护。这种飞机装有2台涡轮发动机,机翼和尾翼可折叠。最大平飞速度为830千米/小时,搜潜巡逻速度290千米/小时,作战航程3700千米。搜潜设备主要有:数字计算机、数据处理机、声呐浮标接收机、声呐浮标、搜索雷达、前视红外扫描器和磁力探测仪等。攻潜武器有深水炸弹、鱼雷和水雷等。

303. 反潜巡逻机有什么性能?

反潜巡逻机是主要用于反潜和海上巡逻的海军飞机。有岸基反潜巡逻机和水上反潜巡逻机。它们具有航程远、续航时间长、低空性能好、武器载重量大的特点。多数是远程轰炸机和运输机改装的。如美国的P-3C"猎户座"、英国的"猎迷"、俄罗斯的伊尔-38、图-142、中国的水轰-5等,有的最大航程达9000千米,续航时间18小时。机载搜潜设备主要有：雷达、声呐浮标、红外探测仪、磁力探测仪和废气探测仪等。有的装有多功能数字计算机，数据处理和控制显示设备，具有全天候反潜作战能力。机载攻潜武器主要有：自导鱼雷、炸弹和深水炸弹。

304. 海军直升机有哪些？

直升机在各国海军中正发挥着越来越重要的作用。

舰载直升机

目前，海军直升机主要有：美国的CH-46"海上骑士"、AH-1"眼镜蛇"、CH-53"海上种马"、SH-60"海鹰"、UH-1"双休伊"、SH-2"海妖"；俄罗斯的卡-25、卡-27、卡-31、米-4、米-6、米-8、米-14；法国的"黑豹"、"海豚"、"超美洲豹"、"超黄峰"；英国的"海王"、"山猫"（与法合制）、"小羚羊"；意大利的AB212；日本的MH-53E扫雷直升机；中国的直5、直6、直8、直9等。

305. 哪种直升机最早投入海战？

1936年，世界上第一架直升机被研制出来，但实用的还是1939年美籍俄国人西科斯基设计的VS-300直升机。1942年，西科斯基又设计出R-4直升机，并投入成批生产。这种直升机于1943年9月被美国海军正式采用，被命名为HNS-1，并在第二次世界大战后期的作战中使用。因此，HNS-1直升机成为世界上最早投入海战的直升机。

306. 舰载直升机发展方向如何？

舰载直升机用途广泛，战斗力强，所以航空母舰和大多数驱逐舰以上的大、中型水面舰艇及部分护卫舰、新型勤务船都已普遍装备直升机。目前各国已有数百艘舰船可以搭载直升机。

舰载直升机发展方向，是提高续航性能和速度性能，加强机载探测设备、攻击武器和战术综合处理设备，提高搜索、识别、定位、攻击的战术综合处理能力和全天候作战能力，以及恶劣海情条件下在舰上起落的能力。

307. 什么是"鹰眼"？

海军舰载预警机主要用于舰队防空预警，并可指挥引导己方飞机作战。可以分为舰载预警机和舰载预警直升机。这些飞机反应快，探测低空目标性能好，指挥控制能力强，可随载舰到远洋活动。机上装有远

海军舰载预警飞机

程搜索雷达、敌我识别、情报处理、通信导航和电子对抗等设备，能综合分析目标信息，确定参数，判断威胁程度，向海上指挥系统提供预警信息。预警机在空中活动，其雷达受地球曲率影响相对减少，探测范围大，下视能力

强,能发现地面雷达和舰载雷达难于发现的低空和海上目标。美国 E-2"鹰眼"就是一种性能优良的舰载预警机。

308. 海军电子对抗飞机的主要用途是什么?

海军电子对抗飞机,是海军的电子侦察飞机、电子干扰飞机和反雷达飞机的统称。电子侦察飞机装有宽频带电子侦察设备,通过对电磁信号的侦收、识别、定位、分析和录取,获取有关情报。电子干扰飞机装有杂波干扰机、金属干扰丝等投放器和监视接收机,用于干扰对方防空体系的各种雷达和对空指挥的通信设备,使其失效或降低效能,掩护己方作战飞机突防。有的干扰飞机装有电子计算机,如美国海军舰载的 EA-6B "徘徊者"干扰飞机,能自动完成搜索对方雷达发射的信号,并加以识别、定位和干扰。反雷达飞机装有告警引导接收机和反雷达导弹等制导武器,用以摧毁对方地面和舰队防空系统的火控雷达。

309. 重新出世的飞艇有什么优点?

飞艇出世在飞机之前,后来由于飞机的迅速发展,飞艇因航速较慢,使用的氢、氨充气易爆炸等缺点而逐渐衰落了。然而 20 世纪后半叶,飞艇的研制又开始升温,特别是美国取得了一定的进展。目前,美国海军正在制造"哨兵"5000 型飞艇。该飞艇采用凯夫拉复合材料,由自动光机控制系统进行控制,采用 E-2C 电子系统进行探测,作战时间为 30 天。另一种飞艇是 YEz-2A 型,根据设计方案,从这种飞艇上可以搜索和跟踪雷达反射截面极小、掠海飞行的超音速(速度达 3.5 马赫)导弹。YEz-2A

飞艇长 120 米,可载 10 人～15 人,在空中停留达 30 天,并可全天候工作。因新型飞艇采用的抗爆气体较安全,省燃料,续航力强,海军可以用飞艇执行运输、观察、海洋考察、海上救生等任务。

310. 中国最早的"海鹰"是怎样起飞的?

在第一次世界大战期间,海军飞机初露锋芒,引起了各国海军的极大关注。当时在欧洲观战的中国海军武官陈绍宽(后来任中国海军部长、海军总司令)对海军飞机十分感兴趣,提议中国海军也应发展航空兵。

民国时期的"宁海"二号舰载侦察机

1917 年 11 月,巴玉藻、王助、王孝丰、曾贻经等 4 名在美国学习航空专业的海军留学生拒绝了美国企业优厚的待遇,回来报效祖国。当时美国航空业也处于初步发展阶段,很需要人才。王助就在波音公司当过第一任总工程师。在波音公司濒于破产的情况下,王助设计出 C

型飞机,使公司获得美国海军50架飞机的订单,从而起死回生。可以说,波音公司能有后来的辉煌,是与中国人的贡献分不开的。

4名航空留学生回国后,于1918年初在福州马尾创办了海军飞潜学校和海军飞机工程处,一边培养人才,一边研制海军飞机。

经过一年多努力,中国海军第一架飞机——甲型一号水上教练机于1919年8月告成。该机100马力,双桴双翼拖进式,双座,可飞340千米,最大时速120千米。

此后,他们又陆续造出甲型二、三号和乙型一号水上教练机,丙型一号水上轰炸机,丁型"海鹰"一、二号和"海雕"号海岸巡逻机,戊型"江鹳"、"江凫"、"江鹭"水上教练机,己型"江鸿"、"江雁"高级水上教练机,庚型水陆两用高级教练兼侦察机,"宁海"二号舰载侦察机,仿美"弗力提"式高级教练机12架,仿英"摩斯"式教练兼侦察机"江鹦"、"江鹅"、"江鹝"号等。

311. 人民海军航空兵使用过哪些飞机?

中国海军航空兵从1950年开始筹建。1952年,海航第一师在上海成立,下辖第一和第四团。这标志着海军航空兵部队正式诞生。当时,海军航空兵使用的是从前苏联引进的图-2式鱼雷轰炸机、拉-9式歼击机、乌拉-2式教练机。后来,又从前苏联购回了拉-11式歼击机、米格-15比斯式歼击机、别-6式水上飞机等。这些就是人民海军航空兵最早使用的飞机。其中,米格-15比斯式是喷气歼击机,性能优良,在1954年3月18日同台湾空军首次作战中,在浙东南田上空击落敌机 2 架,击伤 1 架,在人民海军的战机上,第一次喷上了表示战功的红星。图-2 式轰炸机在解放一江山岛等作战中给敌军以沉重打击。

后来,中国海军航空兵分别装备过歼击机、轰炸机、侦察机、强击机、运输机、直升机等 200 多种机型飞机。其中歼-5、歼-6 式歼击机在保卫祖国海空的作战中,也多次击落来犯敌机,打出"海空雄鹰"的威风。

312. 最先击沉战列舰的是哪种飞机?

1940 年 11 月 11 日夜,英国航母"光辉"号上的 21 架"剑鱼"鱼雷攻击机突袭了意大利海军主要基地塔兰托。英机用鱼雷和炸弹攻击了港内的意舰,击沉意大利战列舰 1 艘,重创 2 艘,击伤巡洋舰和辅助船各 2 艘,而英国仅损失 2 架飞机。塔兰托之战打破了"战列舰不可能被飞机击沉"的神话,成为世界上"飞机击沉战列舰"的首例名存青史。

313. 首次轰炸柏林的是什么飞机?

1941 年 6 月,德国发动了侵略苏联战争。德军采取突然袭击和闪电战术,使苏联军民猝不及防,损伤惨重,一下子丢失了大片领土。战争开始仅 1 个多月,德军已进逼到离苏联首都莫斯科 300 多千米的地方。在此危急时刻,1941 年 8 月 7 日夜,在苏联海军总司令库兹涅佐夫指挥下,15 架苏联海军的伊尔-4 远程轰炸机从波罗的海的厄塞尔岛海军机场升空,每架飞机载有 500 千克炸弹,向德国首都柏林飞去。8 月 8 日凌晨,毫无防备的德国人还沉睡在美梦之中,突然一声又一声巨响,打破了城市的安静。苏联海军飞行员将炸弹投向了目标后,顺利返航。此后,苏联海军战机还对德国进行了9次袭击,给了狂妄自大的希特勒当头一棒。希特勒恼怒地挥动双拳嚎叫:"必须消灭苏联海军!"

314. 第一批攻击东京的美机是从"香格里拉"起飞的吗?

1942年4月18日晨,美国海军"大黄蜂"号航母驶到离东京660多海里时,被日军巡逻船发现,只得放弃奇袭的原计划,提前起飞舰上所载的16架B-25轻轰炸机,航母随后返航。16架美机飞临东京、名古屋、横滨、长崎后,投下了复仇的炸弹,使日本人第一次在本土上尝到空袭的滋味。除一架飞到前苏联海参崴外,其余15架美机飞到中国大陆迫降,在中国军民拼死援助下,80名美国飞行员有71人生还。

空袭东京大大振奋了美国和其他国家军民抗击日本侵略者的信心,沉重打击了日本侵略军的气焰,连山本五十六都受到天皇斥责。美国总统罗斯福在回答记者的提问时幽默地说:这些轰炸东京等地的美国飞机是从"香格里拉"(世外桃源)起飞的,引起记者们会心的一笑。

315. 为什么"零战"由"恶鹫"变成了"火鸡"?

"零战"是日本海军零式舰载战斗机的简称。为了发动大规模的对外扩张战争,日本海军于1938年初决定研制一种高性能的舰载战斗机。三菱公司在竞争中取胜,承担了研制任务,指定著名飞机设计师堀越二郎任总设计师。1939年4月,样机试飞成功。1940年7月,首批15架完工后,日本海军立即将其投入对华侵略战争,进行

日本"零式"战斗机

实战演练。"零战"机动灵活,最大时速300海里,装有20毫米航炮2门、7.7毫米机枪2挺,是当时世界上火力最强的战斗机之一,续航力880海里以上。因当时中国空军装备的苏式战斗机性能远不如"零战",几次交火,损伤惨重。尤其是在1940年9月13日的重庆壁山空战中,中国空军的34架战斗机竟被13架"零战"打得一败涂地,其中13架被击落,11架受伤,阵亡飞行员10名,而"零战"无一被击落,仅有几架受伤,全部返回基地。此后,"零战"一上天,就几乎见不到中国飞机的踪影。

太平洋战争开始时,日军袭击珍珠港时就出动了78架"零战",完全夺取了制空权。此外,"零战"在东南亚一带也异常凶狠,打得美、英等国飞机毫无还手之力。一时间,太平洋上空成了"零战"的天下。

然而,当美国的新型舰载战斗机F6F"地狱猫"、F4U"海盗"等问世后,"零战"就江河日下了。在太平洋后期海战中,尤其是马里亚纳大海战中,"零战"几乎成了美机的活动靶子,一架又一架从空中坠入大海,被美国海军飞行员比作在感恩节上随意击杀的"火鸡"。

316. 为什么"地狱猫"摘取了"王牌战机"的桂冠?

在第二次世界大战中,美、英、日、苏等国海军航空兵相继推出了一批优秀战斗机。其中有:日本的"零式"、"紫电"、"雷电"、"烈风";英国的"海火"、"萤火虫";美国的"海

美国 F6F"地狱猫"战斗机

盗"、"野猫"、"地狱猫"(也称"恶妇");苏联的雅克-3S、7、9,拉-5、7等。

然而,能摘取"王牌战机"桂冠的非格鲁门飞机制造公司生产装备美国海军的 F6F"地狱猫"莫属。该机采用星形气冷发动机,2200 马力,最大航速 605 千米/小时,最大航程 1750 千米,升限 1.17 万米,装 6 挺 12.7 毫米机枪(后期型改为 4 门 20 毫米航炮),是一种坚固结实、火力强大、机动灵活的舰载战斗机。该机生产了共计 12272 架(含援助英国的 252 架,英国称"女巫")。

在对日、德海军飞机的多次空战中,"地狱猫"不负众望,打得日、德海军飞机落荒而逃,一展"王牌战机"风采。

317. 哪一架喷气式飞机首次在军舰上起落？

在第二次世界大战中，各国航母的舰载机大打出手，为夺取海战胜利立下汗马功劳。可是，这些舰载机均是螺旋式的，已经不能适应大战结束后的喷气式飞机空战时代的要求。于是，英、美等国海军积极进行喷气式飞机从军舰上起飞的试验。

1945 年 11 月 6 日，借助蒸汽弹射器、斜角式飞行甲板、飞行助降镜等技术，美国一架"火球"式活塞/喷气混合动力飞机，首次在"威克岛"号航母上起落。12 月 3 日，英国海军的一架"海上吸血鬼"喷气飞机在"大洋"号航母上起落。这两次喷气式飞机在航母上起落，为航母搭载航速更快、机重更重、性能更复杂的喷气式飞机开拓了道路。这引起了航母史上一次大变革。

美国"火球"战斗机

318. 哪种俄罗斯的舰载歼击机最先进？

在俄罗斯唯一的航母"库兹涅佐夫"号上搭载的苏-33 歼击机，是现今俄罗斯最先进的在役舰载歼击机。

苏-33 歼击机是由苏霍伊设计局开发的苏-27 歼击机演变而来的。它的原名叫苏-27K，于 1989 年在航母上试降成功。1998 年，正式投入批量生产，并装备俄罗斯海军。

苏-33是一种双发动机远程超音速舰载歼击机,不仅能在空中格斗,还兼有强击能力,它的主要任务是夺取海上制空权,为舰队及轰炸机或反潜机护航,并对敌舰和敌地面目标攻击。

在舰母上的俄罗斯苏-33舰载歼击机

苏-33歼击机有良好的战斗性能,在不少方面超过美国海军的F-14"雄猫"和F/A-18"大黄蜂"。它的脉冲多普勒雷达对空探测距离为400千米,对地探测距离200千米,能够同时跟踪10个目标,并对其中6个目标攻击。机上仪器可提醒飞行员自身是否受到敌方雷达跟踪,并可以实施电子干扰。机上装有1门30毫米炮,12个外挂架可挂带对舰和对空导弹。

海军兵器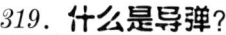

319. 什么是导弹?

导弹是20世纪中期以来发展最快,应用最广泛的武器之一。海军导弹不仅被应用到各种舰艇和飞机之上,也应用到海军陆战队和岸防兵部队中,种类繁多,性能也不断改善,逐渐成为海军诸兵种的首要武器。

有人把导弹称作"灵巧的炸弹",的确它是一种依靠自身动力推进、并能自动引导战斗部打击目标的飞行武器。导弹包括四个要素:一是导弹是一种飞行器,能够在空中飞行;二是导弹装有动力装置,能够自行推进;三是导弹装有制导装置,能够自动导向目标;四是导弹装有战斗部,能够摧毁目标。这四个要素缺一不可。运载火箭因其有效载荷不是战斗部,而不能称为导弹;激光制导炸弹因没有动力装置,也不能称为导弹;自导鱼雷因不是飞行器,虽有制导系统,也不是导弹。而火箭助飞鱼雷则具备上述四个要素,故也称为反潜导弹。

320. 海军导弹有哪些?

海军导弹是海军装备的用于攻击水面、水下、空中和地面目标的统称。

按作战使命分为战略导弹——用以执行战略任务,由国家最高统帅部决定对它的使用;战术导弹——用以执行战术任务。

按飞行弹道,分为弹道式导弹——飞行弹道除了很小一段是有动力的主动段之外,其余是依靠惯性在大气层外或空气稀薄高空沿一条抛物线轨迹运动,无弹翼;巡航式导弹——依靠喷气发动机推力在大气层中飞行,一般带有弹翼。

按发射点和目标位置特征,分为在空中、地面(水面)和水下,这样就可以把导弹分为空对空导弹、空对地导弹、地对空导弹、舰对舰导弹、岸对舰导弹、舰对空导弹、潜对舰导弹等。

装载对空导弹

按打击目标特征,分为反坦克导弹、反舰导弹、反潜导弹、防空导弹等。

按发射特征,分为机载导弹、舰载导弹、车载导弹、单兵导弹、炮射导弹等。

321. 你知道有让导弹向错误方向飞行的导弹吗?

导弹是由导引头的反射波来导向目标的。人们正是利用这一特性,又研发出了诱骗导弹的导弹,称诱饵导弹。20世纪80年代,澳大利亚与美国开始联合研制"纳尔卡"导弹系统,于1998年,美国对该系统进行了测试,获得非常满意的结果,并认为该系统对舰身长度不超过

海军兵器

170米的舰船很适用。而后来,美国在对长度为209米的"圣安东尼奥"级两栖船坞运输舰使用时效果也相当好。从而改变了过去认为由于船体太大,反射太多的雷达波,诱饵导弹的信号不及舰体反射信号,而难以诱骗来袭导弹的看法,所以决定将它配置在航空母舰上。

"纳尔卡"导弹的工作原理就是用自身发出的无线电反射波来吸引对方发射来的导弹,然后将其引向错误的方向。

322. 导弹由哪几部分组成?

任何一种导弹都有四大部分组成的,即战斗部系统、动力装置、制导系统和弹体。

导弹的战斗部系统由战斗部、保险机构和引信组成。战斗部用以摧毁目标。引信的作用是控制战斗部在最合适的时间和条件下起爆。保险机构的作用是保证战斗部在不应起爆时处于安全状态。

动力装置是导弹的心脏,主要由发动机、发动机架及燃料系统组成。制导系统是导弹的中枢神经,确保导弹能稳定地飞行和准确地命中目标。弹体就是导弹的壳体。有翼导弹的弹体一般由弹身、弹翼、尾翼和舵面组成。弹道式导弹没有弹翼,有的甚至没有尾翼。

323. 舰对舰导弹威力有多大?

舰对舰导弹是从军舰上发射,用来攻击敌方舰船的巡航式导弹,射程一般为60千米,有的射程达数百千米,命中率可达50%以上,威力也较大。因为一般舰对舰导弹装药都超过100千克,有的装几百千克,能穿透几十毫米到100毫米的钢板。如果是核装药,其破坏威力更大。一艘导弹驱逐舰,携带4枚~8枚装药为380千克的舰对舰导弹,只要能有1枚~2枚命中目标,就足以将敌方的驱逐舰击沉或使它丧失战斗力。

舰对舰导弹多采用2联~4联装的发射筒发射。在导弹巡洋舰上,还专门设有导弹库,在战斗中可以重复装填发射,加强了突击威力。

324. 舰对舰导弹攻击线路和弱点是什么?

为了防止敌方雷达早期发现和避开敌舰防空火力的拦截,舰对舰导弹一般都采用低弹道攻击,有的飞行高度离海面只有几米或几十米。这样,导弹发射后就有一个爬高和降低高度的阶段,然后转入平飞或逐次降低高度,最后自动寻找和攻击目标。导弹飞行末段制导通常是用雷达或红外线导向的。

舰对舰导弹的主要弱点是可能被干扰,而且它需要爬到一定高度,然后搜索、捕捉目标,这就形成了一段射击的死区,约有几千米。对死区范围内的目标,导弹无能为力,需要舰炮来弥补。此外,舰对舰导弹的技术设备复杂,造价也较高。

325. 舰对空导弹有什么作用?

舰对空导弹在舰载导弹中,是最先被重视的。20世纪50年代中期开始,便逐渐装备在各种军舰上,以加强军舰的防空力量,拦截对方的巡航式导弹。舰对空导弹分为点防御导弹和面防御导弹。

点防御导弹是一种低空、近程的舰对空导弹。它的主要任务是担任军舰本身的防空,或作为编队末段的防空,拦截向编队迫近的敌机和巡航式导弹,射程一般在20千米以内。面防御导弹是一种高、中空和远射程的舰

舰艇发射对空导弹

对空导弹,一般在20千米～100千米的距离上和2万米的高度上拦截敌方飞机,所以又叫区防御导弹。由于它的体积较大,通常只装备在巡洋舰和驱逐舰上。

326. 舰对空导弹主要的特点是什么?

舰对空导弹的主要特点是,比舰对舰导弹的飞行速度快,机动性能好。因为要对付的目标都是快速机动的飞机和巡航式导弹。目前舰对空导弹的飞行速度大都超过音速两倍。

舰对空导弹的使用,要求尽量缩短发射的反应时间,这就必须采用自动化的探测、计算、指挥和控制系统。目前正在研制的舰对空导弹,从发现目标到发射导弹拦击,总共只需几秒钟。此外,舰对空导弹还要求尽量缩短发射的间隔时间,故采用自动操纵、垂直或水平装置系统,在几秒钟就能装填一次,提高了发射率。

327. 巡航导弹主要性能有哪些?

各国海军装备的巡航导弹种类很多,最著名的要数

法国制造的在阿英马岛战争中大显威风的"飞鱼"导弹。此外,意大利研制的"海上凶手"、"阿斯派德"舰对舰导弹,法、意联合研制的"奥托马列特"舰对舰导弹也很先进。"海上凶手"分1型和2型。"海上凶手"2型带翼导弹主要用于攻击中、小型舰艇。弹长4.7米,前段弹体直径206毫米,尾翼999毫米,重300千克,射程25千米;飞行速度在发动机工作时为超音速,药柱燃完后为亚音速。我国海军装备的巡航导弹,最早是"上游"。"上游"经过改进和发展后,造出了"海鹰"。以后又参照"飞鱼",造出了性能更为先进的导弹。巡航导弹也有远程和带核弹头的。如美国"战斧"巡航导弹,在海湾战争中曾用普通弹头多次打击伊拉克军事目标。"战斧"C型最大射程达1300千米。

328. "战斧"导弹使用了什么新技术?

在海湾战争开始的数小时内,美海军发射的"战斧"

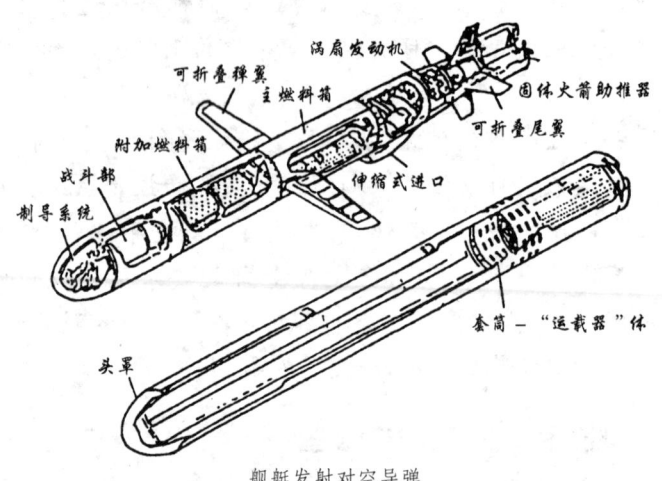

舰艇发射对空导弹

导弹,首次使用了装填碳纤维的战斗部。这种巡航导弹爆炸后可散发出大量碳纤维丝,它们落在发电厂的户外转换电门及变压器上便会使之短路,从而造成发电机停止运转,并使伊军的雷达天线及通信设施不能工作。另外,"战斧"还首次使用了一种新型的非核电磁脉冲弹头。这种"高功率微波弹头",是在多年来一直高度保密状态下发展的,它可专门用来破坏对方的防务电子系统,如烧毁雷达的接收和发射电子线路,击穿导弹的控制系统等,以使对方的防空系统战时陷于瘫痪。

329. 弹道导弹的威力有多大?

弹道导弹威力强大,种类很多。美国"俄亥俄"级核潜艇最先装备的"三叉戟"I弹道导弹,射程7400千米,可带8个分弹头,可以分别导向不同的目标。"三叉戟"Ⅱ,射程增至1.06万千米。前苏联"台风"级核潜艇携带的SS-N-20弹道导弹,射程达8600千米,可携带6个～9个分弹头。我国海军核潜艇试射成功的"巨浪"1号弹道导弹,射程达几千千米,可携带的核弹约几十万吨梯恩梯当量,相当于第二次世界大战中美国向广岛、长崎投掷的原子弹威力的20多倍。

330. "哈姆"导弹为什么被称为"冷面杀手"?

"哈姆"导弹又称"高速反辐射导弹",代号为AGM-88A(B、C),是美国第二代反雷达导弹。美计划用"哈姆"来代替第一代反雷达导弹"百舌鸟"。

由于"哈姆"可以攻击各种舰载雷达和陆基雷达,所以"哈姆"不仅已成为海军舰载飞机的标准武器,而且也被美国空军选用。目前,每枚"哈姆"的价格为18万～20万美元。"哈姆"研制成功后,引起了德国、意大利和澳大利亚等国的兴趣,纷纷大批量订购。

在1991年的海湾战争中,"哈姆"导弹攻击了伊拉克的制导雷达、高炮的炮瞄雷达和警戒雷达,使伊拉克70%左右的防空系统遭到破坏。在战争的前31天中,美军共发射了644枚"哈姆"。目前,"哈姆"占有反雷达导弹市场的66%。

"哈姆"导弹的精度为几米,携带它的飞机无需冒险,在几十千米之外的上万米高空上发射,就能直接命中目标,所以被称为"冷面杀手",成为近10年来最重要的空射武器之一。

331. "日炙"导弹凭什么令航母生畏?

"日炙"导弹是前苏联研制生产,在1980年服役的一种近中程超音速反舰导弹。这是前苏联针对世界上的反导水平而研制的,说穿了就是针对性能先进的"宙斯盾"系统以及被"宙斯盾"舰艇护卫的航空母舰而出现的。

"日炙"导弹采用液体式火箭冲压发动机,速度可达2.3马赫(2.3倍音速),射程120千米,这比在马岛战争中大出风头的"飞鱼"导弹的射程还远一倍。"日炙"导弹具有良好的隐蔽性,不仅飞行高度低(只有20米)不易被探测,而且采用末端雷达制导,即使这样,也不先期使用主动方式。只有当雷达收不到目标信号时,才转为主动制导的,这就大大提高了"日炙"导弹的隐蔽性和抗干扰能力。即便此时目标舰发现了"日炙"来袭,它已穿过了护卫舰艇直奔航母,再采取规避或对抗措施为时已晚。因此,"日炙"导弹有航母克星之说。

332. 导弹的精确制导技术有几种?

目前,导弹精确的制导技术有以下几种:

(1)遥控制导:导引系统的全部或部分设备安装在导弹之外的制导站,由制导站发出制导指令,再通过导弹上的控制系统操纵导弹攻向目标。

(2)自主制导:按照发射前预选规定的程序或外界固定的参考点作为基准,将导弹自动地导向目标的制导系统。

(3)全球定位系统(GPS)制导:GPS制导是利用弹上安装的GPS接收机接收4颗以上导航卫星播发的信号,确定导弹的位置,修正它的飞行误差。此外,还有惯性制导、地形制导、星光制导等。

(4)复合制导:导弹在从发射到命中目标的过程中,采用上述两种以上的制导方式,称为复合制导。

333. 潜艇是如何发射潜舰导弹的?

潜舰导弹是由潜艇发射,攻击水面舰船的巡航导弹,是潜艇攻击水面舰艇的主要武器之一。水下发射的潜舰导弹,通常借鱼雷发射管发射,有的用垂直发射筒发射。导弹外形尺寸一般与鱼雷发射管相适应;导弹在发射管内弹翼呈折叠状态,发射后展开。除主发动机外,还有火箭助推器;采用惯性加主动雷达寻找目标(或红外线自导头)制导。射程主要取决于潜艇探测设备发现目标的距离,一般为100千米以内,如有外界提供目标信息,可达数百千米,发射深度为数十米。

334. 潜对地导弹具有什么主要性能?

这是潜艇在水下发射,攻击地面固定目标的战略导弹。分潜地弹道导弹和潜地巡航导弹。潜地弹道导弹,装备在战略导弹潜艇上,每艘潜艇有12具~24具发射筒,每具可装1枚导弹。射程1300千米~12000千米。可携带核弹头。导弹有单弹头、集束式多弹头、分导式多弹头和机动多弹头;一枚导弹的弹头最多达20多个,爆炸威力为100万~300万吨梯恩梯当量,最大可达900万吨梯恩梯当量。制导方式采用惯性制导。动力装置为2级~3级固体火箭发动机。发射时,一般使用燃气—蒸汽能源,以较大的推力从发射筒推出,在水中上升,出水前或出水后,导弹发动机点火,按设定的弹道轨迹飞向目标。

335. 潜地弹道导弹是怎样发射的?

潜地弹道式导弹弹射器实际上就是一种燃气—蒸汽发生器。它主要由燃气发生器、燃气冷却室混合气体输送管、压力室、密封圈等组成。

潜艇水下发射导弹出水瞬间

燃气—蒸汽发生器的作用过程是:点火器通电,火药柱被点燃,产生高温高压燃气流;该气流经过喷管向燃气冷却器喷射,通过冷却器的作用,迅速形成燃气与水蒸汽的混合体;当混合体进入压力室后,压力室内的压力即刻升高。此时,发射筒盖已被开盖机构打开。于是,导弹就在高温、高压燃气推动下冲出发射筒,依靠弹射时赋予的初速度向海面升腾。

导弹出水后,弹上主发动机点火,导弹便沿着预定的弹道飞向目标。

336. 最早的潜对地弹道导弹是哪国研制的?

1955年9月,前苏联首次在潜艇浮在水面的状态下,发射了一枚由陆基导弹改制的SS-N-4弹道导弹。这种导弹装备过Z、G和H级潜艇,早已退役。

1964年,SS-N-5潜对地弹道导弹研制成功,并开始装备前苏联的G2和H2级潜艇。这是世界上第一种投入使用的潜射战略导弹。导弹长10.7米,直径1.5米,发射重量1.5万千克,速度1马赫,射程1400千米,如装核弹头,当量相当于100万吨梯恩梯炸药。

337. 潜射巡航导弹水下发射有哪几种方式?

到目前为止,潜射巡航导弹水下发射有以下六种方式。

一是采用倾斜发射管发射,靠弹上的助推器加速推出水面。前苏联的SS-N-7和SS-N-9导弹采用这种方式。

二是采用标准鱼雷发射管发射,弹上有助推器把导弹推出水面。美国水平发射的"战斧"导弹采用此方式。

三是采用专用垂直发射管发射,导弹出发射管后,弹上的助推器把导弹推出水面。美国垂直发射的"战斧"就用此方式。

四是导弹在无动力运载器中,用鱼雷发射管发射,以一定倾角浮出水面后助推器点火。美国"鱼叉"导弹采用这一方式。

五是导弹装在浮力运载器中,当运载器从鱼雷发射管中发射出来后,在力矩作用下,变为垂直状态,直至出水。美国"海长矛"导弹采用这一方式。

六是导弹装在有动力运载器中,用鱼雷发射管发射,靠运载器的火箭发动机推出水面。法国的SM-39和俄罗斯的SS-N-21导弹采用这一方式。

338. "三叉戟"导弹系统具有什么性能?

"三叉戟"导弹是美国配备在核潜艇上的第三代潜对地战略导弹,用于摧毁敌方领土上的重要目标。导弹分为两种型号。Ⅰ型从1979年开始装备改装的"拉斐特"级核动力潜艇和"俄亥俄"级核动力潜艇,前者每艘16枚,后者每艘24枚。弹长10.4米,弹径1.88米,射程7400千米。Ⅱ型于1990年3月装备"俄亥俄"级的"田纳西"号核动力潜艇,可携带24枚导弹。弹长13.5米,弹径2.1米,射程1.2万千米,命中精度130米～185米。分导式多弹头(8个子弹头)爆炸威力47.5×8万吨梯恩梯当量,具备攻击陆上硬目标的能力。两种型别导弹,均采用星光加惯性制导,从水下发射。

339. 分导式多弹头导弹有什么样的"分身术"?

分导式多弹头导弹在飞行中,由带制导装置的弹头母舱按预定程序逐个释放多个子弹头,使其分别导向不同目标;也可集中打击同一个目标。它的突防能力强,命中精度高,摧毁效果好。母舱由整流罩、末助推发动机、制导装置和释放装置等构成。母舱与弹体分离后,即开始分导释放,每释放一个子弹头后,末助推发动机重新点火,调整速度矢量,校正弹道,再释放下一个子弹头,直到释放完毕。为提高突防和摧毁点目标的能力,现正在发展母舱、子弹头全导式多弹头和子弹头末段按预定机动轨迹飞行的机动式多弹头。这样,凭着"分身术",一枚导弹可以打击多个目标,威力自然更加强大。

340. "巨浪"什么时候从水下腾空而起?

1982年10月12日,中国从北部海区向以北纬28度13分、东经123度53分为中心,半径35海里的圆形海域,首次成功地进行了潜艇水下发射运载火箭飞行试验。中国自己研制的第一代固体潜地运载火箭经过水中段、控制段、被动段飞行,准确地落入到预定海域。这种火箭所运载的就是我国自行研制的"巨浪"潜射导弹。这是继中国成功地进行原子弹、氢弹、远程火箭试验和发射人造卫星以后,在尖端科学技术领域里取得的又一新的重大成就。它表明人民海军现代化建设有了新的发展,国防实力有了新的加强,中国已一跃成为世界上第五个拥有水

中国"巨浪"导弹从水下发射

下发射战略导弹能力的国家。如你有机会来到美丽的青岛海滨,就可以在海军博物馆的广场上看到"巨浪"的雄姿。

341. 中国的导弹研制成就如何?

中国的导弹研制事业从20世纪50年代中期起步。到1960年,已成功地发射了第一枚近程导弹。20世纪60年代中期,中国发射了导弹核武器。1969年,中国发射了远程地对地导弹。次年,中国的第一枚运载火箭将自己的第一颗人造卫星送上了天。

1980年5月18日,中国自己研制的射程达9000千米的第一枚洲际导弹试射成功。两年后,中国的潜射对地洲际导弹犹如蛟龙出海,直冲云天。

在战术导弹方面、经过多年的努力,中国已研制出了地对地、地对空、空对空、岸对舰、舰对舰等多种型号各类导弹,尤其以"鹰击"8号性能最为优越,得到外国军事人员的高度赞扬。中国导弹终于走向世界。

342. 在海上怎样施展"壁虎断尾"的计谋?

壁虎在遇到危险时会自行断尾,离开身体的尾巴仍在不断活动,以吸引敌人的注意力,而壁虎却乘机逃之夭夭。过些日子,壁虎还会长出新的尾巴。以主动付出小的代价来保存整体安全的计谋使壁虎保全了自己的生命。在海上,海军舰艇也同样可以施展这种"壁虎断尾"的计谋来保存自己。其中,发射箔条干扰弹简单易行,成本较低,是各国舰艇比较普遍采用的防止导弹来袭的方法。箔条干扰弹发射装置分为固定式和旋转式两种。箔条干扰弹内装填的是铝箔条丝、镀铝或镀锌的玻璃纤维丝等电磁波反射材料。箔条干扰弹在一定高度炸开后,很轻的箔条丝在空中散布开来,形成了大面积的箔条云,散布的截面积可达1000至1万平方米。可以是球形或圆柱形等。这样就形成了一个比较强的电磁波反射体,吸引了敌方的导弹

箔条干扰弹发射装置

寻的制导系统,使敌人真假难辨,无法用导弹击中目标。在1973年10月,以色列对埃及、叙利亚的世界上第一次导弹艇对抗中,以色列导弹艇上使用了有效干扰,结果使对方发射的50多枚导弹全部偏离目标,坠入大海,以色列的导弹却准确地击沉了对方导弹艇13艘、鱼雷艇和扫雷艇各1艘,而自身无一损失。中国海军舰艇也均装备了箔条干扰弹发射装置,加强了抗击敌方导弹袭击的能力。当然,对抗敌方导弹的方法还有很多,如:发射反导弹导弹,发射红外干扰弹,使用大功率电子干扰设备破坏对方的导弹制导系统,"黑客"侵入敌军电脑网络,放出载有强大电磁或红外线发射设备的小艇或无人驾驶飞机以诱使敌导弹攻击等。

海军兵器

未来的海战新秀

343. 海洋为何成了新武器激烈对抗的竞技场?

自从人类用木桨划破了万顷碧波之后,占地球总面积70.8%的海洋,便成了兵家角逐的重要战场。

进入20世纪中期以来,随着科学技术的飞速发展,特别是海洋技术与原子能技术和宇航技术等三大尖端科学的崛起,大大开拓了人类的社会活动空间。海洋已成为现代社会经济发展的重要资源空间,也是现代国际政治、经济以及军事斗争的"聚焦点"。瞩目海洋权益成为当代各国军事战略的时代特征。海军是海洋斗争的主要工具,因此各国把越来越多的新技术和新的科学成果应用到海军中。电子计算机技术、核技术、激光技术、纳米技术、电子对抗技术、海洋学技术、导航技术和各种新型舰艇、新型雷达和声呐、各种高效率的自动化武器系统,逐渐武装了海军,使海军的技术装备更加复杂化、现代化,战略战术和作战思想有了更浓厚的时代气息。

"海漫漫,直下无底旁无边。"当年,唐代诗人白居易写诗感叹的海洋。如今,已成了各种新兵器、新技术激烈抗争的竞技场。

21世纪是高技术时代,为海军发展高技术武器提供了极有利的条件。了解这些可能在不久的将来装备海军的高技术武器,会有助于我们更好地认识海军兵器的发展趋势,更全面地掌握海军兵器知识。

344. 情报搜集船搜集什么?

现代情报搜集船大致分为四种,即海洋测量船、音响测定船、导弹检测船和声学研究船。美国在20世纪50

年代即开始发展海洋测量船,用于海洋环境测量和科学研究,为海军的水面和水下作战服务。音响测定船是在20世纪80年代冷战后期,为满足美海军对前苏联潜艇进行机动侦察监视的作战需求而建造的,先后建造了三级、23艘。搜集船搜集的情报为建立反潜和水下预警系统,研究各种水声设备,进行海区声呐作用预报等提供海洋声学参数。美国的声学研究船现有1艘在役,其任务是进行潜艇噪声测量,以支持潜艇降噪研究计划。

美国和前苏联在冷战时期,派出的潜艇除监视、跟踪对方的潜艇外,也都负有搜集海洋情报的任务。

345. 有比姜子牙的"法术"更厉害的武器吗?

《封神演义》中的姜子牙善用法术。有一次,他捉来一只成精的白猿,用刀砍去它的脑袋后,白猿脑袋又长出来。这时,姜子牙取出一个红葫芦,揭开盖子,只见一道白光冲天而出,刹那间,鲜血四溅,白猿脑袋落地,一命呜呼。

以光作武器,在古代只是一种神奇的幻想,今天已成为活生生的现实,且威力更大。

1975年冬季的一天,美国两颗新式侦察卫星飞抵前苏联西伯利亚的上空,悄悄地对前苏联的导弹发射场进行侦察。忽然间,金光一闪,卫星立即失控,两颗价值数百万美元的新式卫星顷刻之间被废了。美国人感到十分惊讶,而前苏联人则喜在心里,为自己在这一领域的领先而自豪。原来,这两颗卫星是被前苏联的反卫星激光武器击毁的。

此后，前苏、美两国都投入大量资金进行激光武器研究，取得了重大成果。

346. 激光武器有什么特殊的本领？

激光武器确实具有惊心动魄的威力，人们称它为"死光"武器。激光武器特殊的"招数"主要有三个方面——烧蚀、激波和辐射。

请看激光的"第一招"烧蚀效应：一束强的激光照射到目标上，光能立即转化为热能，使目标表面迅速熔融汽化。如果把激光聚焦到碳块上，不到1秒钟时间，碳块的温度就达到8000℃以上。这样的强光还有什么物体不能击穿呢？

激波是激光武器的"第二招"。当激光束打到目标上时，蒸汽向外喷射，并在短时间内给目标以反冲作用，于是在固体材料中就形成激波，造成层裂破坏。

辐射是激光武器的"第三招"。当激光能量达到一定数值时，气化物质就会被电离而形成一层特殊的等离子体。高温等离子体能发射紫外辐射，甚至X辐射，从而引起辐射效应，造成目标结构及内部电子、化学元件的损伤。

激光武器与常规武器相比，有很多特点。一是发射光束速度极快，命中率高。激光束的速度为每秒30万千米，光路是一条直线，用激光对付任何目标，不需计算提前量和弹道，命中率高。二是摧毁目标的能力强。激光束可以产生高温和冲击波，强激光可以产生极高的温度和强烈的冲击波，可以用于直接摧毁目标。三是发射激光时无后坐力,使用时不会影响射击精度。四是无污染。激光武器属于非核杀伤,不像核武器那样存在长时间的放射性污染。五是不受电磁干扰。

347. 激光武器在实战中杀伤力如何?

激光致盲武器已经在近些年的局部战争中使用。1982年的英阿马岛战争中,英国海军曾使用激光眩目器对付阿根廷的飞机,迫使飞行员因眩目而掉头飞回基地。

防空激光武器已进行过多次成功试验。1976年,美军试验用坦克装载的功率为100千瓦的激光炮防空,在几秒钟之内即击落两架靶机。1982年,苏联2.3万吨的"基洛夫"号巡洋舰上安装的防空激光器,在试验中击落了模拟美国巡航导弹的无人驾驶亚音速飞机。1989年,美国海军在靶场用红外化学激光器,成功地拦截和击毁了一枚快速飞行的巡航导弹。目前较为先进的防空激光武器是德国MBB公司设计制造的陆上高能激光武器系统。

348. 有比激光武器还要厉害的武器吗?

粒子束武器是一种与激光武器类似的束能武器,它在某些方面比被称为"死光"的激光武器还要厉害。它能产生具有很大动能的粒子束流。这种束流在击中目标瞬间,可产生8000℃的高温,使目标表面迅速破碎和汽化,就连陶瓷、碳等耐热材料,也会被钻洞熔化。高能粒子束还会形成附加电场和大电流脉冲,在瞬间将目标内部的电子器件击穿。国外有关实验表明,粒子束在1立方厘米的空间里,1秒钟沉积1000焦耳能量时,就会彻底破坏武器装备中的电子线路。此外,激光束易被不透光的云层所阻挡、衰减,而粒子束武器似雷电,不受气候的影响,所以粒子束武器被称为"全天候武器"。

349. 粒子束武器是怎样实施攻击的?

所谓粒子束武器,就是通过特定的方式将电子、质子或离子加速到接近光速,聚集成密集的束流,然后直接(或去掉电荷后)射向目标,以束流的动能或其他效能杀伤、破坏目标的武器。粒子束武器通常由五大部分组成:一是预警系统,粒子束武器射击的目标速度都很快,为保证不贻误战机,就必须借助预警系统,以尽早地发现远距离目标。二是跟踪瞄准系统,跟踪瞄准系统的主要任务是精确测定目标的各种飞行参数,计算粒子束的发射角,适时控制粒子束射击,并在射击后修正射击偏差,进行再次射击。三是指挥和控制系统,为使整个粒子束武器系统各个组成部分协调一致地工作,需要配置一套指挥控制设备。四是高能粒子束形成设备,这是整个粒子束武器系统的核心部分。五是电源系统,这是整个武器系统的动力源,也是粒子束武器的"弹药库"。

350. 粒子束武器有什么优点?

粒子束武器有突出优点:一是粒子"炮弹"的飞行速度快,粒子束武器发射出高能粒子是以接近光的速度前进的,因此用粒子束武器拦截各种空间飞行器,可在极短时间内命中目标,非常适合对付在远距离调整飞行的洲际导弹。二是命中率高,摧毁力强,粒子束武器靠高能束流直接命中来击毁目标,它不同于常规武器靠弹头或爆炸的破片来杀伤目标。三是使用灵活,可以随意变换射击方向,粒子束武器只要改变一下粒子加速器出口处导向电磁透镜中电流的方向或强度,就能在百分之一秒的时间内迅速改变粒子束的射击方向,因此可以在极短时间内对付多批目标的饱和性攻击。四是无放射性污染。五是全天候作战。当然,粒子束武器要用于实战还需不断探索。

351. 次声武器会成为新杀手吗?

1849年初,一艘大型的荷兰货船顶着风暴穿过马六甲海峡,全体船员竟不知何故全部悄然死去。后来调查表明,死者的心血管全部破裂了。医学家经过研究,终于找出了杀死船员的"凶手"——次声波。

次声波不仅看不见、摸不着,而且有很强的穿透能力。试验表明,穿透海中潜艇艇体的次声,轻则使人头晕、恶心、耳鸣、心动过速、四肢麻木、神经系统活动紊乱;重则造成心血管破裂,急骤死亡。荷兰货船上船员的死亡是由于货船在驶经海峡时,海上风暴与海浪的剧烈摩擦而产生了次声波。

随着科学技术的突飞猛进,将会给次声武器的发展插上腾飞的翅膀,新型次声武器必将使未来的海战场变得更加复杂、奇妙。

352. 什么是"不染血的刽子手"?

许多人家中都买了微波炉,用它加热饭菜既快又方便;微波是一种高频的电磁波,波长范围在1毫米至1米之间,频率为1吉赫~300吉赫。在电磁波的家谱中,它的低频端同普通无线电波的超短波相连接,其高频端则与远红外线相毗邻。微波武器也叫射频武器,是一种利用微波的能量产生高温、电离、辐射、声波等综合效应,以束的形式向一定方向发射,在空中以光速沿直线传播,用以损伤和摧毁目标,使其丧失作战效能的定向能武器,又称射频武器。继激光武器、粒子束武器之后,美国国防部官员称之为"第三种束能武器"。

微波武器对人的杀伤作用与其他武器不同,它不直接摧毁人体,弱微波可能引起人头痛、烦躁、神经错乱;强微波则会造成人体皮肤灼热、烧伤,以至死亡,它杀人是不见血迹的。

353. 现代武器有哪些"隐身术"?

由于现代战场上侦察探测系统主要有雷达、电子、红外、可见光、声波等仪器,所以隐形技术也相应地针对上述仪器推出了反探测系统。不同武器装备,因特征信号不同,对其所采取的隐形措施也不同。对同一种武器装备可采取多种隐形措施。

(1) 降低雷达的反射截面。包括巧妙设计的外形,采用吸波材料,采用阻抗加载等。

(2) 减少红外辐射特征。主要办法是改变红外辐射波段,降低武器装备的辐射功率,调节红外辐射的传输过程等。

(3) 抑制电磁信号特征。减少目标自身电磁辐射的技术有:减少无线电设备,改进电子设备,减少电缆的电磁辐射,避免电子设备开线的被动反射,对电子设备进行屏蔽。

(4)降低光学特征。主要措施是:改进目标外形的光反射特征,控制目标的亮度和色度,控制目标发动机喷口的火焰和烟迹信号,控制目标照明和信标灯光。

(5)消除声响,降低噪音。主要措施有:改进发动机和辅助机的设计,应用吸声材料和阻音材料,采用减振和隔声装置,减少螺旋桨运动对介质的扰动噪音,合理地进行整体设计。

354．"斯米洛"号为什么能够隐形?

隐形技术的发展,使各国加快了隐形舰艇的研制步伐。"斯米洛"号是瑞典国防装备局开发的隐形实验艇。该艇长30.4米,水线间长27米,排水量140吨。"斯米洛"号艇所进行的隐形实验项目主要包括:减少雷达反射截面积和光学、红外特征的船体或上层建筑等外形设计;武器装备设计的特征最小化;导弹、鱼雷、反潜武器装备、

"斯米洛"号隐形艇

扫雷装备的合理布置;降低信号可探测性的通信系统。该艇所采取的隐形技术措施:一是改进舰体的形状,二是在结构设计上采用了隐形技术,三是广泛地使用隐形材料。

355. 为什么各国重视对隐形武器的研究?

隐形技术及其在军事上的应用,引起了世界上越来越多国家的重视和研究。美国国防部已将隐形技术列为优先发展的17项技术中的第二位。10多年来,美国在隐形飞机的研制上已投资300多亿美元。俄罗斯除在米格-29、米格-31等战斗机上应用了隐形技术外,正在抓紧研制隐形轰炸机和隐形巡航导弹。加拿大、英国、德国、意大利、日本等国都在研制发展新一代隐形飞机。以色列、印度、瑞典等国也在加紧研制隐形武器。预计21世纪初,将出现更多型号的隐形飞机和导弹,并出现性能优越的隐形舰艇。

356. 什么是海上电子战?

所谓海上电子战,通常是指海战中的敌对双方利用无线电电子设备所进行的电子战争。由于现代军队广泛应用了先进的电子技术和装备进行战场侦察、目标监视、作战指挥、通信联络、武器控制与制导,从而大大提高了作战能力和快速反应能力。电子战的目的是使敌方电子设备性能降低或完全失效,并保护自己一方的电子设备性能不致降低或失效。电子战的基本手段包括电子侦察、电子干扰、电子防御和电子摧毁。电子战对现代战争的战场环境、作战力量、作战方式以及战争进程和发展诸多方面产生重大的影响。

美国海军的RP－3电子侦察机

357. 电子战始于何时?

  电子战的历史已近100年。在1904年的日俄战争中,俄国巡洋舰"绿宝石"号曾对日本舰艇无线电通信施放干扰,最早拉开了电子战的序幕。

  第二次世界大战期间,电子对抗的手段更加多样化。1940年8月,德军出动轰炸机成功地袭击了英国沿海的5个雷达站,这是现代电子战"软"、"硬"杀伤中的"硬"杀伤的雏形。1944年6月,盟军在诺曼底登陆中采用了声东击西的电子"软"欺骗手法,诱使德军集中于加来地区,而200万盟军在诺曼底只遇到较小的抵抗就上了岸,直捣德国本土。1950年朝鲜战争初期,美军B-29轰炸机损失越来越多,后来美军采用电子战,使损失大幅度降低。20世纪60年代的越南战争和三次中东战争,电子战都大显神威。在1991年海湾战争中,电子战达到了空前的规模。

358. 电子战有什么特点?

电子战的主要特点之一是涉及范围广,渗透到一切作战领域。现代战争中的电子战,不仅在陆地、水下、海上和空中进行,并且随着卫星、洲际导弹、航天武器的不断发展,还将出现外层空间的电子战。电子战已突破通信、雷达对抗的范畴,扩展到了指挥、控制、制导、导航以及光电对抗等诸多方面。电子战的特点之二是战场无形。电磁场波密布在陆、海、空、天整个空间领域。现代战争表面上看,是真枪实弹在交战,而实质上一种无形的战争——电子战在无形之中对战争的进程和胜负发挥着重要作用。美军认为:"电子系统在战争各方面都发挥着关键作用,因为如果电子系统失灵,绝大多数的武器装备将毫无用处。"

359. 电子战有几种克敌制胜的法宝?

电子装备已成为现代海军的主要装备。海军强国现在有五种高技术电子对抗设备,也可说它手中有五种克敌制胜的法宝。

(1)先进的雷达告警接收机。这种设备一旦收到敌方雷达信号,可在 5 秒钟内向机组人员告警,告示接收机受到威胁程度和威胁信号的来源。

(2)大功率战术杂波干扰系统。该系统的干扰设备采用外封吊舱式,每架飞机可携带五个吊舱,每个吊舱里有 2 台有源干扰发射机,能混合发出不同频率的干扰信号,以迷盲敌方雷达。

(3)高效能的欺骗式干扰机。这种设备是利用干扰

施放干扰

发射机发射与目标回波信号相同或相似的信号,以迷惑敌方。

(4)灵敏的干扰物投放器。这种装置使用2个30发装的发射器,能够发射60枚箔条弹或曳光弹。

(5)威力强的超短波通信干扰机。可根据需要采用自动、半自动或手动方式进行干扰,破坏敌方通信联系。

360. 为何称电子战是第四维战场?

1973年10月的一个星疏月淡之夜,地中海地区发生了海战史上首次导弹艇对阵。以色列导弹艇抢先射出的导弹直袭叙利亚导弹艇,而叙军发射的导弹都遭到以军的干扰而偏离目标,坠入大海。霎时间,电子战这个默默无闻之辈一夜之间跃居现代战争的"明星"宝座,成为与陆、海、空鼎立并存的第四维战场。

近些年来,军队的指挥、情报和兵器控制更加依赖于电子系统的技术性能,电子战在侦察反侦察、干扰反干扰、摧毁反摧毁三种斗争形式中进一步谱写着自己引以自豪的战史。

361. 为何把C^3I系统称为战争力量的"倍增器"?

电子战内容很多,范围极广。但无论是通信对抗,还是雷达对抗、水声对抗,基本上属于某一领域里的对抗,而C^3I对抗则是一种诸多领域的综合军事电子对抗,是电子战的核心。

所谓C^3I系统,实际上就是现代作战自动化指挥系统。由于通常人们把该系统的基本功能概括为指挥、控制、通信和情报四大部分。C^3I系统是一个大型的综合系统。全军和各军兵种的C^3I系统都有所不同。海军的C^3I系统主要由海军的情报、指挥控制、通信和电子对抗四个分系统组成,它们犹如一个人的眼睛、耳朵、大脑、神经网络和双手,操纵着巨大的现代战争机器。可想而知,如果一个眼睛明亮,耳朵灵敏,大脑清晰,神经系统敏感以及双手有劲的人,与一个在这些方面有缺陷的人对抗,胜负谁属不言自明的。

362. C^3I系统会对未来海战产生什么影响?

在未来的战争中,将是作战体系之间的对抗。因此,战斗的胜负已不再取决于一两件新式武器,而且主要依赖于战斗中人与人之间,人与武器装备之间及武器装备与武器装备之间的指挥协调,在未来的海战中,C^3I对战争胜负的影响主要表现在三个方面:

一是大大提高作战指挥的质量和作战效能。通过C^3I系统,指挥部将可以更快的速度收集、处理和传递信息,从而大大提高各级指挥员的决策质量和速度,提高武器装备的作战效能和自动化程度。

二是有利于作战资源高度共享。未来的海军C^3I系统可使编队内任一舰艇、飞机都可以获得旗舰或指挥中心所具备的高质量战术信息。

三是充分提高作战体系的效费比,C^3I系统主要依靠作战体系内各子系统的协调能力来提高整体的作战效能。因此,在不改变作战体系基本构成的情况下,就使作战体系具有很高的效费比。

363. 海军 C^3I 系统是怎样组成的?

海军人工智能技术 C^3I 系统是美国正在研制的一种 C^3I 系统。该系统分为两大部分。一部分为岸上系统,称为舰队指挥中心作战管理系统,安装在太平洋舰队在夏威夷的指挥中心内,由数台计算机联网而成,有兵力需求专家系统、作战计划产生专家系统、战略产生和评价专家系统等。另一部分是舰载系统,目前安装在"卡尔·文森"号航空母舰上。主要包括三维数据专家系统、部队级报警系统、知识获取工具专家系统等。此外,美国大西洋舰队也有一个称为联合作战战术系统的人工智能系统。该系统是从战斗群指挥官使用的战术决策辅助专家系统发展起来的。

364. "宙斯盾"是什么?

宙斯是古希腊神话中掌管人类和众神的主宰,其法力无比,他手中的盾当然也非常厉害。

"宙斯盾"是美国海军装备的一种著名的战术防空 C^3I 系统。该系统于20世纪60年代开始研制,20世纪80年代初投入使用。系统主要分系统有:多功能相控阵雷达,可完成全空域搜索、自动目标探测和多目标跟踪,计算机共有22台;指挥决策分系统,它接收来自各种传感器提供的目标数据,作出特殊威胁判断,并分配武器,准备战斗。此外,还有武器控制分系统、火控系统、敌人识别装置、电子对抗分系统和声呐分系统等。系统能全天候、全方位地探测高、中、低空包括各种高性能飞机和导弹在内的100个目标,防空距离中程为70千米～180千米,远程为180千米～400千米,并可引导"标准"导弹、"密集阵"火炮进行拦截。作为防空系统,能保卫航空母舰特混舰队。

宙斯盾驱逐舰

365. 英国海军的 C^3I 系统具有什么性能?

ADAWS战斗数据自动化武器是英国海军装备的一种战术C^3I系统。该系统共有10个系列,装备在英国海军所有大型水面舰艇上。这是一种自动化战术数据处理系统,能自动收集、处理和显示空中、水面和水下的战术数据,根据目标的瞬时位置、航向、速度判断威胁程度,指示火控系统对付威胁最大的目标。火控雷达能自动捕捉和跟踪目标,并能自动把数据提供给计算机解算出射击的各种要素,再提供给导弹和火炮系统。从探测目标到决定发射导弹,这一系列操作过程全是在战术显示台上进行控制,由系统自动完成。但舰长对计算机的处理结果可进行人工干预。系统由计算机、远程对空警戒雷达、中程海空搜索雷达、导弹引导雷达、识别声呐等组成。

366. 什么是气象武器？

气象，是指大气的状态和现象，例如刮风、闪电、打雷、结霜、下雪等，它是个喜怒无常、脾气古怪的东西。正因为如此，随着科学技术的迅猛发展，人们通过人为的活动影响、操纵它作为武器使用。

所谓气象武器，就是人工影响天气（天气指瞬时或较短时间内的风、云、降水、温度、气压等气象要素综合显示的大气状况）和气候（气候指某一地区由于地理位置而特有的多年天气状态）。例如，人工控制风、云、雷、电、寒、暑等天气变化，把它作为一种手段用于战争，使之有利于自己而不利于敌人，或直接削弱敌方的抵抗能力，从而达到直接或间接地消灭敌人，保存自己的目的。

367. "天兵天将"能呼风唤雨吗？

自古以来，人们出于对神秘莫测的气象的无知和迷信，或者是出于对气象的巨大威力的无比恐惧和崇敬，曾有许多"天兵天将"降妖伏魔和呼风唤雨的传说。科学发展至今天，神话变成了现实，目前，已经研制成功或处在试验阶段的气象武器有人工降雨、人工消雹、人工消雾与造雾、人工影响台风、人工诱发或抑制闪电、人工制造臭氧层"空洞"等，它们必将在未来战场上"八仙过海，各显神通"。

368. 海洋环境武器有哪些用途？

战争是残酷、你死我活和不择手段的，正因为如此，

海军兵器

军事科学家们都挖空心思研制致敌于死命的新武器,环境武器就这样应运而生。

在军事科学家与海洋学家、气象学家、化学家的鼎力协作下,环境武器(又名地球物理武器)的研制工作取得了惊人的进展,并显示了巨大的威力。现在,环境武器家族日渐发展庞大,可分为陆地环境武器、气象环境武器、海洋环境武器和综合性环境武器等多种。海洋环境武器主要利用海洋岛屿、海岸以及相关环境中某些不稳定因素,如巨浪、海啸等,同时借助物理或化学方法,从这些不稳定因素中诱发出巨大的能量,使被攻击的敌人军舰和海岸军事设施,以及海空飞机丧失效能。

巨浪武器:巨大的风浪常常可以导致舰毁人亡、军事设施破坏。如果能人工制造和操纵当然是很可怕的。海啸武器:海啸常常是由火山爆发和地震引起的,情景恐怖,一旦这种武器步入战场,将能冲垮敌海岸设施,使其舰毁人亡。吸氧武器:人类生存需要氧气,一些动力机械运行也离不开氧气,科学家设想制造一种能吸收局部空间的氧气,就可置敌方于死地。电磁武器:主要是产生击穿效应,或使电子设备强烈磁化,从而使关键部位丧失功能。化学雨武器:主要由碘化银、干冰、食盐等能使云体形成水滴,造成降带化学物质的雨,造成人员伤亡,并破坏武器装备。

369. 计算机病毒武器怎样发挥作用?

所谓计算机病毒,实际上就是一种特殊的计算机程序。就像病毒侵入人体引起人生病一样,计算机病毒一旦侵入计算机系统,能够干扰、修正正常运行的计算机程序,破坏其有效功能,并能够自我复制和侵入具有正常功能的其他程序中,使周围的计算机程序也遭到破坏,尤其可恶的是它还能主动地通过软盘、硬盘、光盘、计算机网络等媒体进行传染。

在科索沃战争中,敌对双方都有不少"黑客"打入对方电脑网络中,进行计算机病毒战,干扰敌人的指挥、通信系统。21世纪初,计算机病毒对抗也很可能成为未来高技术战争中的一种新的电子对抗手段。

370. 计算机病毒武器怎样用于实战?

在1991年爆发的海湾战争中,美军第一次把计算机病毒武器用于实战,从而把计算机病毒武器的研究推向了一个新的阶段。战争爆发前不久,美国获悉伊拉克从法国购买了一种用于防空的新型电脑打印机,准备通过约旦首都安曼偷运到巴格达。美国决定对这批电脑打印机采取"投毒"行动。美国在安曼的特工人员偷偷把带有计算机病毒的同类芯片换装到这种电脑打印机里,病毒很快就通过打印机传入伊拉克军事指挥中心的主计算机里,使其难以正常工作。据说,这成为海湾战争中伊军防空系统陷于瘫痪的重要原因。这是世界上用计算机病毒作为武器的首次战例,它标志着人类用于相互厮杀的武器家族中又多了一名"兵不血刃"的成员。

371. 无人潜水器为什么神通广大?

无人潜水器是一种水下的智能化装置,依附于潜艇和水面舰艇,能从艇上布放和回收,有的甚至可以从飞机

海军兵器

或岸上设备布放。它能够携带多种传感器、专用机械设备或武器,遥控或自主航行。它体积小,较隐蔽,有的还可以做到隐身,不存在人员伤亡或被俘的危险,可以完成具有风险的任务。

在潜艇战和反潜战中,无人潜水器可作为诱饵把敌潜艇引开或骗开,并可作为大型潜艇的中继站,收集敌情资料。在水雷战和反水雷战中,无人潜水器可用来探测水雷,引导己方舰艇安全通过,可为己方的水雷区巡逻,防止敌潜艇偷渡。无人潜水器与敌方潜艇周旋时,会消耗敌方很大的精力,给敌方造成无处不在的心理压力,因而日益受到军事大国的重视,被称为海军力量"倍增器"。

372. 设想中的三栖军舰是什么样的?

设想中的三栖军舰是一种既能搏击于天空,又能航行于海洋,还能隐蔽在深海的多用途、高性能军舰。这种军舰集飞船、水面舰艇、水下潜艇于一身,能装备多种类型的兵器,能在任何天气、海况下随便选择栖身之地。这种军舰的设想是:

在舰型方面,宜建成全封闭式,有储液舱,首部像潜艇,上部似飞船,下部采用排水型水面舰船的样式。在武备方面,以粒子束武器、动能武器、射频武器等新型武器为主,并装备一部分导弹、火炮武器。在动力装置方面,以氢动力装置为主,辅以超导推进动力或喷气动力。在隐身技术方面,舰体外层涂有隐身材料,并备有干扰器。

373. 什么是"里海怪物"?

当你看到"里海怪物"几个字时,也许你会想到神话世界的妖魔鬼怪之类的东西。可是你错了。"里海怪物"是前苏联于1974年研制的一种冲翼艇。有可以飞翔的机翼，又有能够在水中航行的船体，因为它既像飞机又似舰船，所以有人给它取了这么一个"雅号"。它利用安装在艇体上的机翼贴近水面或地面飞行时所产生的地面效应升力支持艇身重量，以进行水面航行或低空飞行。因此，也被称作地效飞艇、腾空艇、飞翼艇、气翼艇等。"里海怪物"排水量500吨左右，最大时速350千米，可在7米—10米低空飞行、倒退、悬停、垂直起降，最多可载800余人。它还可在草地沼泽、雪地、冰上航行，是执行侦察、巡逻、反潜、布雷、救生、海上补给的理想工具。

当然，目前已有的冲翼艇不仅有"里海怪物"一种，冲翼艇可分为三类：动力气垫型，地效翼型，翼化身型。冲翼艇最大航速可达300节～400节，远远超过其他任何舰艇，最大续航力可达5000海里～6000海里，超过大部分飞机。而且，它可以脱离水面，从而避开敌方声呐与雷达搜索，潜艇攻击和水雷障碍的阻拦。因此，它能快速、有效、安全地运送登陆兵和一般装备上岸，是未来进行登陆作战的理想兵器。

374. 为什么说高技术赋予鱼雷新生命？

鱼雷和水雷是海军两种传统的水中兵器，高技术赋予了它们新的生命。新一代的鱼雷航速普遍提高，轻型鱼雷可达45节，重型鱼雷可达55节以上（英国的7525型鱼雷航速可达70.5节）；航深增大，有的可达1200米；应用微型计算机，具有很好的抗干扰性和潜水性能；采用新的爆破法,使其威力更大(1枚7525型鱼雷可击沉4万吨级战舰,2枚齐射可击沉任何舰艇)。美国海军的MK-48型重型鱼雷,航速60节,航程4.6万米,潜深1200米,战斗部装药100千克～150千克,制导方式为线导加主被动声自导,其自导系统信息处理具有智能化能力,主机功率达500马力。

375. 新的反潜水雷有什么特点?

高技术不但使水雷在布设深度和爆炸威力等方面能力大为提高,而且使其向智能化方向发展,使它的抗扫性和灵活性都提高到一个新的档次。美军研制的MK-60反潜水雷就比较典型。它具有以下几个特点:

(1)声控自导,主动出击。它亦被称作"捕手"鱼雷,它把鱼雷控制在水雷壳体内,判明目标后便自动攻击。

(2)长期埋伏。这种水雷的工作深度一般在900米左右,主要用来封锁战略通道,它能在水下潜伏半年之久,长期保持自己的功能不变,当有效期满又不能收回时,便会自动失效或自行销毁。

(3)布设灵活。既可以用水面舰艇或民用船只布设,也可以使用飞机和潜艇布设,并可进行冰下布设,具有使用多种手段进行灵活、快速、隐蔽布设的优点。

376. 下一代舰炮将是什么样的?

2009年1月31日,美国海军用一门全新概念的EMRG电磁炮创造了新的纪录。它以10.68兆焦的功能,射出一枚试验弹,炮弹在发射后一分钟内以7倍音速穿出大气层,而后在大气层外飞行了4分钟,接着在最后

1分钟又重返大气层,以5倍音速命中了在200海里外的目标。

这种电磁轨道炮是由固定的金属轨道和高功率脉冲电源、电枢、弹托、弹丸等构成。发射时利用流经轨道的电流所产生的磁场与流经电枢的电流之间相互作用的电磁力加速弹丸并将弹丸发射出去。从这次试验所得的结果可以看出,电磁轨道炮高速飞行的炮弹对未来的海上火力支援作战具有重要的意义,相距200海里的目标,只需6分钟即可到达,而打击海上视距内的目标,只需6秒钟的时间。另外,以5倍音速的弹丸撞击目标,可穿透12米深的地下掩体。

美国海军还用F/A-18舰载机与电磁轨道炮在320千米火力范围的支援能力进行了比较。结果表明,在战斗最初的8小时中,电磁轨道炮发射的弹药能量达到飞机投放数量的2倍,打击目标的数量是其10倍,而且不需要飞行员冒生命危险。虽然电磁轨道炮发射的原理非常简单,优点很多,但工程实践上仍遇到很大技术难题。这主要是在轨道上的电流非常高,将如何导通?导通后弹丸在轨道上运动产生的电弧会造成严重的烧蚀问题尚待解决。尽管如此,美海军仍将打算在2020—2025年装备部队。

377. 蛊惑武器在战场上怎样变"魔术"?

所谓蛊惑武器,通常是指敌我双方利用电子技术设备进行的电磁场斗争,它以电子侦察、电子干扰和反干扰、电子摧毁和反摧毁为基本内容,这在前面已经讲到。

然而,蛊惑武器的最大用途是捕捉敌人的雷达脉冲,经过分析,熟知了它的内容之后加以篡改,再把假脉冲发送出去,欺骗敌人。全部过程都在瞬间完成,最长也不允许超过一秒钟。利用这种手法,只用一门大炮,便可使敌人误以为是一个炮兵作战群;一架飞机,便可用电子战的手法使其觉得是个机群;一艘军舰,运用电子战手法,甚至会使其"变"成一只小木船,你说,这是不是很有趣呀?简直像是在战场上变"魔术"。造成这些假象和制造这种假情报,就能使敌真假难分,草木皆兵。

海军兵器

难忘的千年风流

海军兵器

378. 你知道最早的水战武器吗?

海军兵器经历过数千年的发展过程,才变成今天我们看到的军舰、导弹、飞机、鱼雷、水陆两栖坦克、岸炮及水雷等。为了全面地了解海军兵器演变的进程,我们仍有必要对最原始的古代海军兵器进行一番了解。

凡是对海军和海洋感兴趣的人,总是津津乐道于战列舰巨炮坚甲,驰骋大洋;航空母舰满载战鹰,八面威风;核潜艇出入"龙宫",震慑世界……然而,早在春秋战国时期,就已经形成了江河舰队和海军。戈、矛、刀、剑和弓弩都是当时重要的水上兵器,尤其是弓、弩这种"远程"兵器尤其为大家所熟悉。弩是具有发射机关的弓,故有"弩生于弓"的说法。公元前218年,我国最早的航海家徐福率船东渡,为秦始皇寻找长生不老药。在徐福的庞大船队里就带有水军将士,"请善射者与俱",携带连弩。这就说明弓箭、刀枪已是当时海战的主要武器了。

379. 中国与欧洲最早的弩弓有什么不同?

弩可以预先将弦拉开以利于瞄准,也可以用脚蹬,或几个人拉,或用绞车等机械拉弦。据《史记》记载,秦始皇死后,他的墓中设有自动弩。《三国志》记载,诸葛亮造连发弩,矢长8寸,一弩10矢。《武备志》上记载的"三弓床弩"张弩需用70人合力,或以绞车开弓,射程300步。这种床弩一次发射可击中数十人。

公元前1万年左右,欧洲就出现了简单的弓。它是利用木头的弹性,由韧带拉紧,能把箭头射到30米左右。箭头也是用石头或骨制成的。既可以用于狩猎,也可以用于作战。公元前13世纪左右,欧洲出现了合成弓。这种弓有三层,中层是木头薄片,外层是牛筋,内层是牛角质,三层紧粘在一起。尺寸较大的弓,配用的箭头长约70厘米,射程可以达到400米,有效射程也有70米左右。欧洲古代的弩,是由弩架和弓两部分组成,弩架便于用肩顶住进行发射。箭在发射前放在弩架的槽里,发射时将弩弦置于弩架的旋塞转动,使弩弦弹回,将箭射出。弩可以在50米的距离上穿透甲胄,但是发射速度比弓慢。

西方古代弩炮手在进行发射

　　欧洲、西亚地区的古代弩炮和投射器也是很重要的兵器,它们都是靠动物筋索弹性进行发射。弩炮是一个大弓,通过绞盘使粗的动物筋索拉紧,靠反弹力把箭发射出去,有效射程可达100米。弩炮还可以用来发射石头。投射器是一种威力比弩炮更大的武器,它可以把78千克的石头投到300米远。

海军兵器

380. 诸葛亮为什么要"草船借箭"？

读过《三国演义》的人，可能都对"孔明借箭"这一故事印象非常深刻。智慧不及诸葛亮而气量又小的周瑜，既对诸葛亮怀有妒忌加害之心，又想讨教打败曹军的策略，于是他问诸葛亮：如果一旦和曹军交战，水陆交兵，"当以何兵器为先"。他没料到，胸有成竹的诸葛亮告诉他说："大江之上，以弓箭为先"，并答应周瑜3日之内一定交上10万支箭保证作战需要。结果，诸葛亮不过施一小计，便实现了诺言。那么，为什么古代水战要以弓箭为先呢？原来，当时人们在海战中使用弓箭，好比是延长了人的手臂，可以在战船上远距离地杀伤敌人，而使用刀枪就得登上敌人的战船，才能有效地打击敌人。

381. "希腊火"是什么？

古今中外，兵家交战，"火攻"是水战的重要战法。《三国演义》中有周瑜用"火攻"，诸葛亮"借东风"的故事。公元399年，东晋的翁州（今舟山地区）爆发了孙恩起义，不久发展到了"战船千艘，大舰楼四层，高20丈"的程度。后来因为屡遭晋军火攻而毁掉。1130年，南宋名将韩世忠、梁红玉在黄天荡用火攻大败金兵的舰队。"火攻"的方式很多，可以用"火船"，也可以在箭头上带着燃烧物射向敌船，效果都很好。

从公元7世纪末到8世纪初，庞大的阿拉伯舰队多次攻打希腊城堡。城内弹尽粮绝，守将打算弃守。这时，"希腊火"使战局发生了转机。那么，"希腊火"是一种什么样的武器呢？据说，"希腊火"是一个从叙利亚逃到拜

"希腊火"喷射器在发射燃烧剂

占庭的犹太建筑师发明的。"希腊火"是由一种喷射器发射的燃烧武器,这种喷射器,是一种外面用铜箍加固的长木管,插在装有"希腊火"的容器内,用人力鼓风器将"希腊火"压送出去。在这即将城破人亡的千钧一发之际,希腊守军将"希腊火"对准阿拉伯战舰铺天盖地喷射下来。燃烧着的液流,见缝就钻,遇水更旺,最终把阿拉伯军打得惨败而逃。"希腊火"在历史上是一个谜。从历史文献的描述来看,它应该是一种燃点很低的液体燃料,其中可能含有相当数量的石油。据英国修士罗杰斯·培根猜想,它可能是由硝石、硫磺、沥青和油组成的混合物。"希腊火"虽然厉害,但毕竟是一种燃烧剂,不能产生爆炸。直到公元9世纪,中国发明的黑火药用于实战,才开创了人类社会的火器时代。

382. "霹雳炮"有多大威力?

1161年11月9日,金兵大举进攻宋朝,宋军在战场上首次使用一种新的水战武器,名叫"霹雳炮"。"霹雳炮"是什么武器呢?它是将石灰、硫磺用纸包结实,形成了实心弹,用手掷出,落于水面以后,硫磺遇水着火,从水中跳出,爆炸声如雷;同时将石灰喷成烟雾,迷人眼睛。当时,宋军使用"霹雳炮",炸声隆隆,烟雾弥漫,流火遍布江面,使金军惊恐万状,不敢应战。这一仗,宋军焚烧敌舰300余艘,取得了一次空前大捷。历史的经验告诉我们,每一种新式武器初次用于战场,常会收到威慑敌胆、出奇制胜的显著效果。

383. "拍竿"是一种什么兵器?

在火药未应用于实战的冷兵器时代,"拍竿"可是一

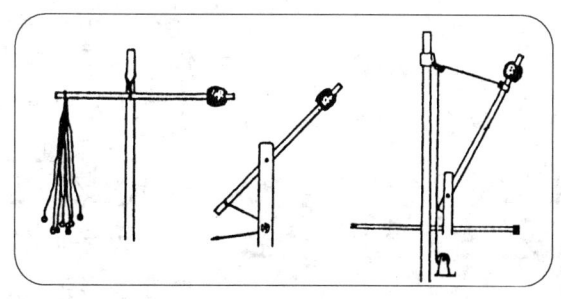

冷兵器时代的"拍竿"武器

种相当重要的水战和海战兵器。1130年,中国宋朝的钟相、杨么起义军拥有各种战舰1000余艘。其中有中国最早发明的"车船"(即用脚踏转轮来驱动明轮的船)。大的车船楼高5层,装车轮24对,可载1000余人。令宋军官兵害怕的是这种船上安装了"拍竿"。拍竿是什么样呢?它竿长30多米,在竿的顶端系有巨大的石块。用手摇辘轳先将拍竿转动卷起,当敌船靠近时,猛然放下,巨石砸向敌船。你可能觉得这种兵器是太简单和太原始了。其实,它不仅在那时是很厉害的"重型武器",而且为以后新的武器发展开了先河。根据物体动能和重力加速度的原理,假若这种"拍竿"悬得越高,石块越大越重,显然威力

就越大。我们再进一步思考一下,如果这种大石块变成钢铁,从高空落下,而且还会爆炸,那将是多么的可怕?这不就是后来用飞机掷炸弹的雏形吗?

384. 炮与"砲"有什么区别?

你是否注意到,中国象棋棋子中,有的棋子刻成"砲"字,有的棋子却是"炮"。你再查查《现代汉语词典》,在"炮"字的括号中有"砲"和另一个很复杂的用石、马交合起来的字。中国文字的组成,其中有象形字、象声字,石和马结合后会"叫",而且叫声如雷,是什么家伙?这可是很厉害的武器呀!

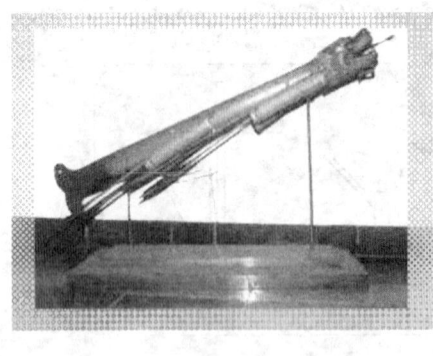

火龙出水

古代的战炮就是"抛石机"。这在电视剧《三国演义》中多次露面。无论是陆战还是水战,那种用人力旋转的像木梯子似的东西,就是"抛石机",当时就叫"砲"。

火药用于战争,最早是"火球"类兵器。这是中国人在发明了火药以后才出现的。"火球"就是将火药包实,点燃后用手掷出去,就将"砲"变成了"炮"。这是当时一种陆战、水战和攻城守地的利器。

但是,火炮的始祖并不是"抛石机",而是用竹子制成的一种管形兵器。1132年,中国人陈规发明了用竹管喷射火焰的"火枪",这就是世界上最早出现的原始管形火器。1259年,寿春府创制了以大竹为筒,能发射铁弹、石子之类的"突火枪",这就是火炮的雏形。13世纪80年代末,我国已研制成功,并开始使用古代火炮了。在中国历史博物馆里陈列着一尊世界上最古老的火炮,就是以制造年代命名的"元至顺三年铜火铳",这是1332年制造的铜炮,口径约105毫米,长353毫米,重14千克。

385. "靠帮"接舷战用些什么利器?

冷兵器时代的水军,除了用弓箭远射外,主要是"靠帮"近战来决定胜负的。为了使战船靠上去,"拉住"对方,古代人发明了一种类似"搭扣"的东西。在公元前260年,罗马建造的桨式战船上就装有一种接舷吊桥的装置,它位于甲板以上,有较大的高度,被称作"乌鸦"。交战时,"乌鸦"伸出船舷,搭钩拉住对方船只,武士从接舷吊桥的坡道上冲向敌船,展开白刃格斗。公元前36年,罗马西部统治者屋大维的舰队,使用了一种爪钩抛射器。在粗大的箭杆上,装上一个很大的铁钩,在箭羽这一端,装上一个系绳索的铁环。在海战中,拉开硬弓,射出带着绳索的爪钩,钩住敌船,随后迅速收紧绳索,以便靠帮,跳上敌船进行白刃战。这种兵器叫作"钳子"。

我国历史上也有记载搭钩敌船的兵器。最早使用这种武器的,是南宋名将韩世忠的抗金水军。韩世忠的水军多为海船,船体高大,稳定性好,船上有用锁链联结的大铁钩。在水战中,由健壮的水兵抛出铁钩,用铁钩钩住敌兵船,并将其拖翻,也可用于"靠帮"。从"靠帮"使用的

各种兵器来看,无论是"接舷吊桥",还是爪钩抛射器,或是韩世忠的长链铁钩,都是要求我方的船比敌方的船高大,才容易抓住敌方船只,从上往下冲击。反之,如果我方船小,就必然吃亏。所以,后来的战船就越造越高,越造越大。

386. 牛的角斗给海战哪些启示?

人们都知道,牛是比较温顺、老实的动物,但是一旦发起"牛脾气"来,也是很可怕的。牛的武器主要是角,搏斗时,它就低下头,用状如尖刀的双角和庞大躯体的蛮力冲撞对方,除了虎、狮、豹等猛兽之外,一般动物是不敢惹它的。

那么,人们从牛的角斗武器和方式中受到哪些启示呢?这就是要把战船造得高大而坚固,在海战中可以猛力冲撞,把对方的战船撞坏或撞翻。这后来就形成了一种战法。1127年至1130年,钟相、杨么的洞庭湖起义部队建造了著名的"海鳅"船。"海鳅"船体尖细坚实,船头像鳅,进退灵活,便于冲撞。这种"海鳅"船一直沿用至今。公元前480年的波希战争期间,波斯派遣了上千战船远征希腊。当时,希腊已经有了三层甲板的大型桨船,船头包上铁角和青铜,便于冲撞,成为海战的重要兵器。在萨拉米海峡的交战中,希腊船横冲直撞,使波斯损失了200余艘战船,大败而归。古罗马继承了古希腊三层桨船的优点,它的船首专门装上了冲角。冲角呈弯状,尖而锋利,可使敌船遭到重大损伤。

387. 最早的战船出现在哪里？

木板船是奴隶社会的产物。根据史料来看，世界上哪些国家和地区较早进入奴隶社会，那里的木板船就出现得较早，发展得也较快。埃及在公元前3000年左右就进入了奴隶社会，在埃及发掘到一条公元前1800年的木板船，船长11米，宽2.6米，没有龙骨和肋骨，只由一条条木板通过榫和木钉拼接而成。在地中海其他地方也有战船残骸发现。由此可见，专门用于水战的战船在公元前1500年前地中海地区的埃及、腓尼基、希腊、迦太基、罗马等古国中就已经产生了。他们早期的战船是单层桨船，这种船没有甲板，通常有12对桨，每支桨配置数名桨手。另外，还装有四角帆，排水量约50吨。

388. 西方海军兵器在什么时候超过了中国？

我国古代的战船是举世闻名的，很早就发明了"拍竿"和"抛石机"。早在公元10世纪，我国就开始在战船上装备火器，而管形火器也是我国最早发明的，西方国家直到15世纪才开始在船上装备火器。到明代(1368年至1644年)，我国又最先发明了水雷(水底龙王炮)、二级火箭(火龙出水)和鱼雷(水老鸦)等。15世纪中叶以后，西方的管形火器逐步赶上并超过了我国。到了明朝的嘉靖年间(1522年至1566年)的戚继光抗倭战争中，中国的火炮已显得落后了，不得不购买西方的"佛郎机炮"、"红衣炮"和"鸟嘴铳"等，并加以改进仿制后装备战船。这充分说明：在科学技术的发展中，每一个国家都必须放眼世界，向一切先进者学习，如果总是沾沾自喜于所谓"古老

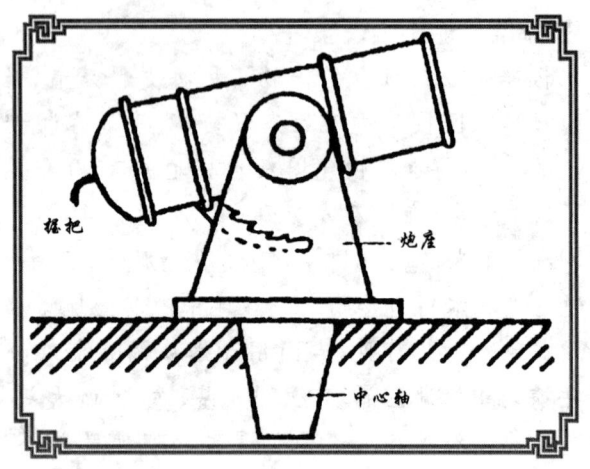

佛郎机炮

文明"而夜郎自大、固步自封,必然饱尝因落后而挨打的苦果。

389. 古代战船有哪些特点?

战船顾名思义是用来作战的船。在古代,它从一般船舶中分化出来后,就以战争的特殊要求向前发展,逐渐与民船有了显著的区别。

一是快:战船要求快,只有快,才能在水战中占领有利阵位,取得战争的主动权。古代战船用桨、帆作动力,特别讲究要抢占上流和上风的位置。因此,战船一般狭长,划桨手多,甚至超过船上人数的一半。

二是高:在冷兵器时代,战船上的主要兵器是弓、弩、钩、矛、刀、戟、剑、斧、镖等,主要作战方式是接舷战,居高临下才便于使用兵器。

三是坚：水战中，免不了要承受敌船的冲撞，遭到敌兵器的攻击。因此，战船除了要求结构坚固外，还要有一定的防护设施。如木制的矮墙、栏栅、战格，有的船在四周和棚顶蒙上皮革或钉上竹片，包上铁片、铜皮等来加强防护。

四是繁：为了适应水战中不同任务的需要，战船的种类多，许多战船有各自专门的使命，在水战中互相协同作战，取长补短，形成一个战斗整体。

390. 什么是艨艟、楼船、斗舰？

古代中国海军曾称作舟师、楼船军、水军、水师等，使用的是木质帆、桨动力战船。这些战船种类繁多，艨艟、楼船、斗舰就是其中的突出代表。

早在公元前6世纪的春秋末期，吴、越、齐、楚、晋等诸侯国就创建了最早的舟师，造出了一批适合江河和近海作战的战船。吴国舟师有：余皇（君王指挥的船）、大翼、中翼、小翼、楼船、突冒（冲撞船）、桥船等战船。大翼可乘水兵和桨手共91名，战船上备有弩32架、箭矢3200支，长斧、长钩、长矛各4把。越国有戈船等。晋国有：飞云、仓隼、先登、金船、飞鸟等战船。

汉代的战船有了发展，已采用了橹、帆、锚、舵等新技术装备，出现了斗舰、龙船、横海、槛船、下濑、赤马、斥侯、艨艟等新船种，楼船数量和规格也更大了。汉代水军也称作楼船军。

三国时期，以东吴水军最强，赤壁水战大捷首功归于东吴水军。东吴水军中有众多的楼船、长安、飞云、盖海、走舸、艨艟、斗舰、赤马、先登、斥候等战船。

晋代除收编了前面提到的东吴战船以外，还推出了苍隼、金舡等新式战船。东晋时，孙恩、卢循的海上起义军中还有一种八槽舰，高10余丈，四层船楼，可以算是当时的"巨舰"了。

到了隋代，水军最著名是五牙舰，有五层船楼，可乘兵士800人。

391. 中国帆桨战船什么时候达到了顶峰？

唐宋时代造船更是有了长足进步，采取了水密隔舱和披水板技术，提高了战船的抗沉性和稳定性。此外，还发明了平衡舵、开孔舵，使转向更为省力，铁锚形状也有了改进，更利于抓住水底而固定战船。在此期间，中国战船最早将指南针应用于航海，创下了世界舰船用指南针航海之最。唐代主要战船为：楼船、艨艟、斗舰、走舸、游艇（小型侦察船）、海鹘等。宋代除沿用唐代战船外，还造出车轮船。在车轮船舱内，有多名壮丁奋力踩动车轴踏板，带动车轴划水前进。另外，宋朝还出现了多桨战船、鲂鱼、海鸥、海鳅、铁壁铧嘴、马船、无底战船、海船等战船。宋朝水军首先使用火药于海战，在世界海战史上具有划时代的意义。元代水军用的战船与宋代的类似，但航海战船数量大大增加，这是由于元代对外扩张的需要。

明代战船达到中国古代战船顶峰。其中，用于航海的有20多种，明代水军已大量使用枪炮和火器，战斗力大大提高。清代水师基本沿用明代样式战船，只是名称有所不同,其中较有战斗力的为:赶艚、艍船、同安、唬船。清末湘军水师的主力则为长龙和舢板。

中国古代的"大翼"战船示意图

392. 战船怎样变成了军舰?

"船"是水上主要运输工具的总称。战船无非是这种水上运输工具还兼有打仗所要求的各种特点而已。随着科技的进步和战争规模的扩大,一般的船适应不了战争的需要,于是出现了战船。当蒸汽机成为航行的动力,钢铁成为主要的建造材料之后,战船的名称也逐渐被舰艇取代了。那么,"舰"是什么呢?"舰"是满载排水量500吨以上的水面舰艇的总称。中国古代称有两层以上甲板、防护坚固的战船为舰,如五牙舰。"艇"是满载排水量500吨以下的水面舰艇的通称。古时称轻快小船为艇,如太平军使用过的波山艇。潜艇不论排水量大小,均称为艇。但日本人称作潜水舰。民国时期,有的中国书刊上也有称作潜水舰的。

393. 军舰与轮船区别在哪里？

当你伫立海滨,或坐船在海上航行,透过朦胧紫烟或苍茫暮色,你能迅速识别出现在水天线上的船只是军舰还是轮船吗？你能在雄伟壮观、舰艇云集的军港中一眼分清这是什么舰、那是什么艇,而不会张冠李戴吗？恐怕不具有一定的海洋军事知识是办不到的。

军舰与轮船的区别主要有这些：一是军舰上装有醒目的武器装备,如高昂的大炮、巨大的导弹发射架,或载有飞机等,而大型轮船除了有少许自卫轻武器外,没有外露的"倚天长剑"。二是军舰都涂上蓝灰色的油漆,而轮船却涂着各色各样的油漆,这如同战士必须着制式军服,甚至着"迷彩服",而姑娘爱穿花衣服一样。前者因海上作战需要有保护色,后者为引人注目偏爱流行色。三是军舰大都外形瘦长、精干,上层建筑成高低错落有致的流线型,而且干舷较低,轮船外形却很肥胖、笨拙,上层建筑比较高大,成几何图形。这是因为军舰要求速度快,机动性好,海战时尽量避免舰桥受攻击被摧毁,而轮船主要用于载客装货,在速度和机动性方面的要求不是很高。四是军舰的桅杆比较奇特,装有各种雷达、无线电、敌我识别器等多种电子装备的天线,而轮船的电子装备就要少一些。五是军舰的舰尾都挂有海军军旗,航行时海军旗挂在桅杆的斜桁上。这样,根据颜色、外形、武备、桅杆、旗帜等就可以分清是军舰还是轮船。而各种军舰的区分,主要是根据吨位、外形、装备等来判断了,因而要求具有更多的海军知识。

394. 早期的舰艇军械是什么样的？

我们所说的舰艇军械就是舰艇上的各种武器和保障武器使用的技术器材。在古代，舰艇军械的发展非常缓慢；从古希腊的舰首冲角发展到古罗马的弹射机械（弩炮和弹射机械），然后发展到火炮。火炮在很长时间内（从14世纪至19世纪上半叶）一直是舰上主要的武器。从19世纪后半叶起，舰艇军械发展加快，出现并开始使用水雷和鱼雷武器（锚雷、撑杆水雷、自行水雷）以及扫雷具。20世纪20年代，由于广泛使用潜艇，随之出现了反潜武器（投掷的和用发射炮发射的深水炸弹、潜水炮弹，系有爆破筒的防潜网）。同时，出现了第一批载有飞机的军舰。随着各种武器的问世，出现了保障武器使用的新型技术器材，如测距仪、火炮和鱼雷射击指挥仪，无线电、陀螺罗经、水听器、雷达等。

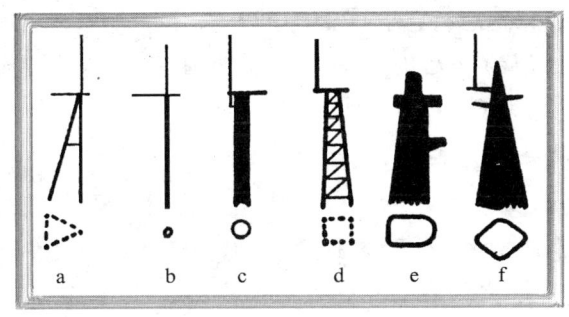

几种军舰桅杆

395. 钢铁舰船为什么能浮在水面？

在遥远的古代，我们的祖先以渔猎为生，逐水草森林而居。古籍《世本》记载说："古者观落叶因以为舟"，而

《淮南子》进一步记载说:"见窍木浮而知为舟"。用木材造舰船是通过直观也可以理解的,那么能不能用钢铁来制造舰船呢?

起初,人们不敢这样设想,因为铁比木重,铁块扔在水里会下沉,用钢铁造船难道不会沉没吗?人们知道木船所以能浮在水面,不光是因为木材轻,而且还会受到浮力的作用。2000多年前,著名物理学家阿基米德发现了物体在水中受到浮力的作用,其大小等于排开水的重量的原理。铁块扔在水中,虽然也受浮力的作用,但是铁块本身重量大,所以沉入水中。要是把铁块制成铁板,再做成一个铁盒子,它产生的浮力就可以大于本身的重量,就不会下沉了。根据这个道理,钢铁用到了制造军舰上。开始用铁作骨架,出现了铁木混合结构的舰船,后来出现了完全的铁壳船。

396. 军舰是怎样披上了盔甲的?

古代战船,无论是中国的或外国的,都是木质结构。木质战船制造方便,但是不坚固,在战斗中易撞坏,在风浪中航行易折断。

到19世纪中期,这种情况发生了变化。在1853—1856年克里木战争中,英法联合舰队首次出动了用铁板包裹的军舰,向俄国舰队和要塞攻击。这引起了世界海军界的重视,

美国国内战争时的铁甲舰艇

因为当时已出现了能爆炸的炮弹,这比原先的实心炮弹对木质战船造成的摧毁力要大得多。因此,人们就把现有的木质军舰外壳上包上铁板,来抵御爆炸弹。1859年,法国海军建成了世界上第一艘专门制造的铁甲军舰"光荣"号。该舰排水量5617吨,内部仍用木材制造,但外部包上120毫米铁板,航速13节,装了34门舰炮。次年,英国则造出排水量9210吨的全铁甲军舰"勇士"号。这以后,许多国家纷纷建造钢铁舰艇,木质舰艇就逐渐被钢铁舰艇取代了。

397. 瓦特发明的蒸汽机对军舰有什么贡献?

古代战船是用风力或人力作动力的,摇橹、划桨和风帆是主要的推进工具。

18世纪下半叶,瓦特在前人发明的基础上,于1769年发明了单动式蒸汽机;1782年又创造了联动式蒸汽机。蒸汽机的出现、推广和应用,使得整个工业产生了革命。

蒸汽机不仅用到了工厂和陆地交通工具上,也用到了船舶上。19世纪初期,世界上诞生了第一艘蒸汽轮船。最初的蒸汽轮船,烧的是木柴,噼噼啪啪地响,浓烟滚滚,到了晚上,炉火通明,老远就看得清清楚楚。后来改成了烧煤。当初,蒸汽机很笨重,体积又大,而发出的功率却不大,所以跑得还不快。但是比起帆船来还是要快得多。尤其值得称道的是蒸汽轮船不受风向和风力的限制。

任何先进的新生事物其前途都是无量的。用机器动力代替人力或风力,标志着舰船制造进入了一个崭新的时期，具有划时代的意义。这被认为是军舰发展史上的第二个重大突破。

398. 明轮推进器是什么样的？

蒸汽机力量大，能够广泛用于火车、汽车等陆上的交通工具。其原理都是蒸汽机带动活塞运动，然后通过减速装置驱动轮子快速转起来。于是人们就想到给轮船也装几个大轮子，在轮子外面装上叶片，然后把这一套东西装在船舷或船尾，让它在水里转动时产生反作用力，推动船航行，这就是最早的明轮推进器。早期的蒸汽机船上，差不多都装着明轮推进器。美国电影《汤姆叔叔的小屋》里就有明轮船航行的情景。

明轮并不是一种完善的推进工具，它在风浪中航行，效率低，而且露在水面部分在海战中容易损坏。因此人们又开始研究更完善的推进工具。科学技术就是这样，根据客观的需要，在实践中不断改进和发展，而且永无止境。

399. 中国最早的蒸汽舰船是怎样造出来的？

在鸦片战争后，一些中国人看到英国海军凭着坚船利炮击败了数量庞大的中国水师旧式帆桨战船，感到非常气愤。在林则徐、魏源倡导下，不少人认真学习西方先进的造船技术，试造中国的蒸汽动力舰船，以增强中国海防实力。

1865年，在近代著名科学家徐寿、华衡芳主持下，中国第一艘蒸汽船在南京竣工。该船装一部双联卧式蒸汽往复机，气缸直径33厘米，长66厘米，船壳为木质，长

18.3米,排水量45吨,载重25吨,航速6.9节。船名为"黄鹄"号。该船建成后供水师运输人员和武器、给养,因此只能算作军用辅助船。1868年,仍由徐寿、华蘅芳负责,江南制造局(它的造船部门是今天江南造船厂前身)又造出了中国第一艘蒸汽动力的军舰,被曾国藩命名为"恬吉"号,意思是"四海波恬,厂务安吉"。"恬吉"号舰长59.2米,宽8.7米,吃水2.56米,蒸汽机动力392马力,可载重600吨,装有8门舰炮,航速9节。同年9月,"恬吉"号从上海到舟山试航,获得成功,引起了轰动。人们奔走相告:"中国人终于造出自己的蒸汽军舰了!"后因避讳光绪皇帝的名字,"恬吉"号改为"惠吉"号。

400. "响尾蛇"号为什么能获胜?

实践的需要是科学发展最大的动力。19世纪中叶,用螺旋桨作为船舶的推进器出现了。它重量轻,效率高,结构简单,又安装在船的水下部位,能够得到良好的保护,适合于各种机动船舶。但是螺旋桨的这些优点,开始并没有被人们普遍认识到,当时还未能取代明轮推进器。

早期的"水上拔河"场面

1845年，英国海军组织了一场有趣的比赛。两艘动力相同的船舶：一艘是用螺旋桨推进的轻型巡洋舰"响尾蛇"号，另一艘是用明轮推进的蒸汽轮船"爱里克托"号。两艘船的尾部系上钢索，船头朝向反方向，进行一场"水上拔河"比赛。结果，巡洋舰"响尾蛇"号获得了胜利，把明轮推进器的蒸汽轮船倒拉了过来。

　　这场精彩的比赛，证明了螺旋桨推进器效率高，发出的实际推力大。尽管这样，保守的英国海军还是不肯在所有的军舰上装上螺旋桨。后来，英俄两国在克里米亚发生了海战，帝俄海军的大炮轻易地击毁了英国军舰上的明轮推进器，使得这些军舰几乎瘫痪。血的教训，使英国海军头目清醒过来。从此，英国才在军舰上普遍采用了螺旋桨。其他各国的海军，也吸取了英国的教训，纷纷把螺旋桨作为军舰的主要推进工具。

编后记

世界的未来是青少年的,而世界未来的希望在海洋。21世纪的今天,世界已经进入全面开发和利用海洋的新时代。

在我国青少年中全面、系统地开展海洋知识的普及教育,以适应国际形势变化的需要和未来人类社会发展的需要,是我们当代海洋科技教育工作者的责任和义务。有感于此,我们来自国家机关、高等院校、科研院所、军事机构等40多位海洋科技工作者,花费了三年多时间,精心策划并编撰完成了我国有史以来第一部海洋知识体系最完备、内容最全面的科普图书。

《海洋小百科全书》共20分册,300余万字,110个知识大类,总7000余个知识问答,几乎涵盖了海洋自然科学、海洋人文科学、海洋军事科学的全部基本内容。本书第一版由中国少年儿童出版社于2002年5月出版,2003年9月荣获由中共中央宣传部等国家7个部门联合颁布的"第五届全国优秀科普作品奖科普图书类三等奖"。本书于2007年10月修订再版,现再次修订,由中山大学出版社出版。本次修订在保持原有知识体系和编写风格基本不变的情况下,除进行必要的知识内容更新外,又新增加了《海洋经济》分册,使《海洋小百科全书》的知识体系进一步完备,知识内容更加丰富。

本书自2002年5月出版至今,一直得到社会的普遍关注和广大读者的厚爱,在此,一并向曾经对本书编撰、出版、发行、修订等作出过贡献的人们表示衷心的谢意。

由于本书涵盖的知识内容宽泛,编写任务十分繁重,难免有知识遗漏和编写不当之处,欢迎广大读者提出宝贵的意见和建议。

《海洋小百科全书》主编:关庆利

2010年9月24日

《海洋小百科全书》分类目录
（20分册·110类）

1 海洋地理
　　海洋地理大观
　　世界海岛揽胜
　　海洋地理趣闻
　　奇妙海底世界
　　海洋地质灾害
　　神奇中国岛岸

2 海洋水文
　　多姿多彩的海洋
　　海水的自然神韵
　　海洋与人类互动
　　探测海洋的波脉

3 海洋气象
　　走近海洋风暴
　　探寻海洋天气
　　感受海洋冷暖
　　变换海洋风雨
　　领悟沧海桑田
　　俯观海气轮回

4 海洋探险
　　古代海洋探险
　　近代海洋探险
　　现代极地探险
　　环球海洋风采

5 海洋航运
　　船舶千秋史话
　　航海妙趣万千
　　惊涛铸造奇闻
　　中国航运今昔
　　船运业务趣谈

6 极地科考
　　挑战人类的环境
　　不可争夺的领土
　　南极人的生活
　　南极生物奇趣
　　揭开奥秘的考察
　　北极世界的探索

7 海洋生物
　　无限生机的海洋
　　迷人的海洋奇葩
　　璀璨的贝类明星
　　威武的虾兵蟹将

微小的海洋居民
　　　多彩的海洋植物
8　海洋动物
　　　奇妙的动物家族
　　　高超的生存技巧
　　　神秘的自然之谜
　　　复杂的生存关系
　　　多彩的情爱生活
　　　狰狞的危险动物
　　　友善的人类朋友
9　海洋渔业
　　　千姿百态捕鱼技术
　　　海洋渔业发展史话
　　　名贵海产品趣味谈
　　　海产品美食与营养
　　　海产品保健与药用
10　海洋化学
　　　海水的趣味故事
　　　海水的化学秘密
　　　海水的化学资源
　　　无尽的海底宝藏
　　　流泪的海洋环境
11　海洋物理
　　　妙趣横生海洋物理
　　　威力无比海洋声学

　　　奇光异彩海洋光学
　　　探索海洋高新技术
　　　四通八达海底电缆
　　　准确无误导航技术
12　海洋工程
　　　人类水下生活
　　　探索海底世界
　　　雄伟近岸工程
　　　海上铸造希望
　　　港口飞架彩虹
　　　旅游方兴未艾
　　　无尽海洋能源
13　海洋科教
　　　著名的海洋科学家
　　　世界海洋科技之最
　　　重大海洋科学考察
　　　世界海洋科研教育
14　海洋权益
　　　蓝色的海洋国土
　　　繁杂的海域划分
　　　激烈的海洋争斗
　　　独特的海运规则
　　　严格的船舶管理
　　　复杂的海事纠纷
　　　神圣的海洋权益

15 海洋经济
 海商奠基帝国兴起
 追寻民族海商踪迹
 当代海洋经济概览
 日新月异朝阳产业
 夯实蓝色经济基石

16 海洋文学
 中国古代海洋文学
 中国现代海洋文学
 外国古代海洋文学
 外国现代海洋文学
 中外海洋影视文学

17 海洋文化
 海洋神化故事
 海洋语言文字
 海洋绘画名作
 海洋雕塑艺术
 海洋音乐经典
 海洋民俗风情

 海洋著作学说

18 海军兵器
 凶悍的汪洋猛鲨
 奇妙的掠波剑鱼
 神秘的龙宫巨鲸
 无敌的长空雄鹰
 未来的海战新秀
 难忘的千年风流

19 古今海战
 古代海战追踪
 近代海战掠影
 "一战"群雄争霸
 "二战"邪灭正兴
 现代海战大观

20 海洋军事
 海军兵力纵横
 海军礼仪风采
 海军名人传奇
 海军趣闻轶事

微小的海洋居民
　　多彩的海洋植物
8　海洋动物
　　奇妙的动物家族
　　高超的生存技巧
　　神秘的自然之谜
　　复杂的生存关系
　　多彩的情爱生活
　　狰狞的危险动物
　　友善的人类朋友
9　海洋渔业
　　千姿百态捕鱼技术
　　海洋渔业发展史话
　　名贵海产品趣味谈
　　海产品美食与营养
　　海产品保健与药用
10　海洋化学
　　海水的趣味故事
　　海水的化学秘密
　　海水的化学资源
　　无尽的海底宝藏
　　流泪的海洋环境
11　海洋物理
　　妙趣横生海洋物理
　　威力无比海洋声学

　　奇光异彩海洋光学
　　探索海洋高新技术
　　四通八达海底电缆
　　准确无误导航技术
12　海洋工程
　　人类水下生活
　　探索海底世界
　　雄伟近岸工程
　　海上铸造希望
　　港口飞架彩虹
　　旅游方兴未艾
　　无尽海洋能源
13　海洋科教
　　著名的海洋科学家
　　世界海洋科技之最
　　重大海洋科学考察
　　世界海洋科研教育
14　海洋权益
　　蓝色的海洋国土
　　繁杂的海域划分
　　激烈的海洋争斗
　　独特的海运规则
　　严格的船舶管理
　　复杂的海事纠纷
　　神圣的海洋权益

15 海洋经济
　　海商奠基帝国兴起
　　追寻民族海商踪迹
　　当代海洋经济概览
　　日新月异朝阳产业
　　夯实蓝色经济基石
16 海洋文学
　　中国古代海洋文学
　　中国现代海洋文学
　　外国古代海洋文学
　　外国现代海洋文学
　　中外海洋影视文学
17 海洋文化
　　海洋神化故事
　　海洋语言文字
　　海洋绘画名作
　　海洋雕塑艺术
　　海洋音乐经典
　　海洋民俗风情

　　海洋著作学说
18 海军兵器
　　凶悍的汪洋猛鲨
　　奇妙的掠波剑鱼
　　神秘的龙宫巨鲸
　　无敌的长空雄鹰
　　未来的海战新秀
　　难忘的千年风流
19 古今海战
　　古代海战追踪
　　近代海战掠影
　　"一战"群雄争霸
　　"二战"邪灭正兴
　　现代海战大观
20 海洋军事
　　海军兵力纵横
　　海军礼仪风采
　　海军名人传奇
　　海军趣闻轶事